La Seconde Guerre mondiale

Sous-marin

Masque à gaz
d'enfant à l'effigie
de Mickey Mouse

Symbole du
régime de Vichy
(1940-1944)

Etoile jaune
imposée aux Juifs
par le régime nazi

Emblème national
de l'Allemagne nazie

Ecusson
de l'armée
de l'air
américaine

Sextant
de la marine
japonaise

Canon anglais
de calibre 25

Décoration polonaise

La Seconde
Guerre
mondiale

Décoration soviétique

par

Simon Adams

Photographies originales d'Andy Crawford
en association avec
l'Imperial War Museum

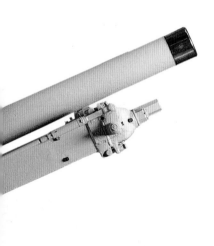

LES YEUX DE LA DÉCOUVERTE
GALLIMARD JEUNESSE

Pistolet Beretta
ayant appartenu
au vice-roi italien
d'Ethiopie

Crécelle d'alarme
pour attaque aérienne

Collection créée par Pierre Marchand et Peter Kindersley

ISBN 978-2-07-065179-5

La conception de cette collection est le fruit
d'une collaboration entre les Éditions Gallimard
et Dorling Kindersley.

© Dorling Kindersley Limited, Londres 2000
© Éditions Gallimard, Paris 2000-2008-2013,
pour l'édition française

Loi n° 49-956 du 16 juillet 1949 sur les publications
destinées à la jeunesse

Pour les pages 64 à 71 :
Traduction : Stéphanie Alglave
Edition : Clotilde Oussiali
Relecture-spécialiste : André Kaspi
Préparation : Sylvette Tollard
Correction : Lorène Bücher et Sylvette Tollard
© copyright 2004 Dorling Kindersley Ltd, Londres
Édition française des pages 64 à 71 :
© copyright 2004-2008-2013 Éditions Gallimard, Paris

Pour cette nouvelle édition :
PAO : Olivier Brunot
Relecture : Isabelle Haffen
Couverture : Christine Régnier

Premier dépôt légal : mars 2013
Dépôt légal : octobre 2018
N° d'édition : 344666

Imprimé et relié en Chine
par RR Donnelley

Insigne de pompier anglais

Figurine d'un porteur
d'étendard nazi

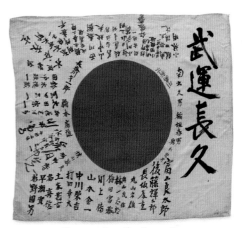

Bottes en paille fabriquées
par les soldats allemands en
Russie pour se protéger du froid

Mine de plage anglaise

Drapeau de prière japonais

Sommaire

Cartes à jouer sur le thème de l'évacuation

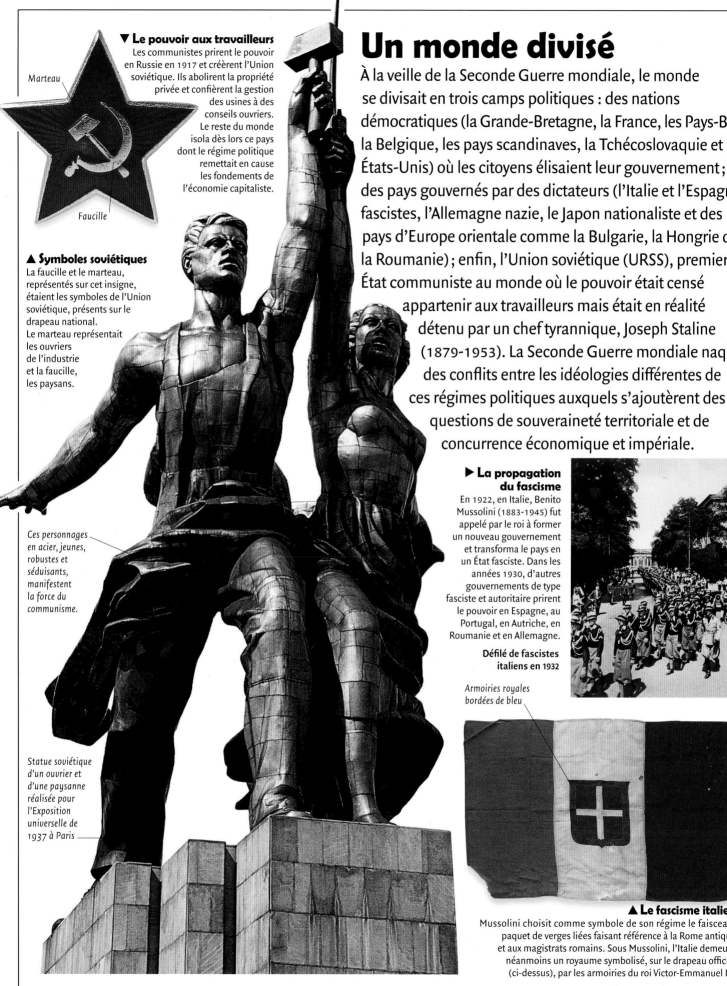

Un monde divisé

À la veille de la Seconde Guerre mondiale, le monde se divisait en trois camps politiques : des nations démocratiques (la Grande-Bretagne, la France, les Pays-Bas, la Belgique, les pays scandinaves, la Tchécoslovaquie et les États-Unis) où les citoyens élisaient leur gouvernement ; des pays gouvernés par des dictateurs (l'Italie et l'Espagne fascistes, l'Allemagne nazie, le Japon nationaliste et des pays d'Europe orientale comme la Bulgarie, la Hongrie ou la Roumanie) ; enfin, l'Union soviétique (URSS), premier État communiste au monde où le pouvoir était censé appartenir aux travailleurs mais était en réalité détenu par un chef tyrannique, Joseph Staline (1879-1953). La Seconde Guerre mondiale naquit des conflits entre les idéologies différentes de ces régimes politiques auxquels s'ajoutèrent des questions de souveraineté territoriale et de concurrence économique et impériale.

▼ Le pouvoir aux travailleurs
Les communistes prirent le pouvoir en Russie en 1917 et créèrent l'Union soviétique. Ils abolirent la propriété privée et confièrent la gestion des usines à des conseils ouvriers. Le reste du monde isola dès lors ce pays dont le régime politique remettait en cause les fondements de l'économie capitaliste.

Marteau

Faucille

▲ Symboles soviétiques
La faucille et le marteau, représentés sur cet insigne, étaient les symboles de l'Union soviétique, présents sur le drapeau national. Le marteau représentait les ouvriers de l'industrie et la faucille, les paysans.

Ces personnages en acier, jeunes, robustes et séduisants, manifestent la force du communisme.

Statue soviétique d'un ouvrier et d'une paysanne réalisée pour l'Exposition universelle de 1937 à Paris

▶ La propagation du fascisme
En 1922, en Italie, Benito Mussolini (1883-1945) fut appelé par le roi à former un nouveau gouvernement et transforma le pays en un État fasciste. Dans les années 1930, d'autres gouvernements de type fasciste et autoritaire prirent le pouvoir en Espagne, au Portugal, en Autriche, en Roumanie et en Allemagne.

Défilé de fascistes italiens en 1932

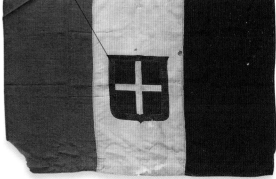

Armoiries royales bordées de bleu

▲ Le fascisme italien
Mussolini choisit comme symbole de son régime le faisceau, paquet de verges liées faisant référence à la Rome antique et aux magistrats romains. Sous Mussolini, l'Italie demeura néanmoins un royaume symbolisé, sur le drapeau officiel (ci-dessus), par les armoiries du roi Victor-Emmanuel III.

Uniforme de l'armée
impériale japonaise,
vers 1930

▶ L'emblème du nazisme

Le svastika, croix à branches coudées, est à l'origine un symbole religieux hindou. Adolf Hitler (1889-1945) adopta le svastika comme emblème du parti nazi. Cette croix noire dans un rond blanc sur fond rouge devint le drapeau officiel de l'Allemagne en 1935.

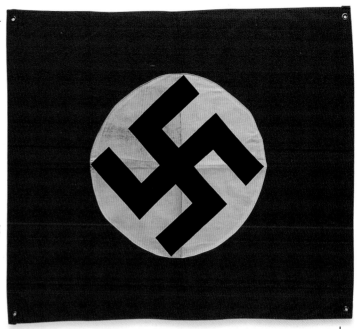

« Après quinze années
de désespoir,
un grand peuple
se relève. »

ADOLF HITLER EN 1933

Coffret d'un
exemplaire
de Mein Kampf

Livret de
membre
du parti nazi

▲ Le Japon impérial

Au cours de la Première Guerre mondiale, le Japon combattit aux côtés de la Grande-Bretagne, de la France et des États-Unis, mais lors de la signature du traité de paix, les Japonais s'estimèrent floués dans la distribution des territoires entre les vainqueurs. Dans les années 1920, le gouvernement japonais dut subir la pression de plus en plus forte de nationalistes fanatiques qui, alliés à l'armée, souhaitaient faire de leur pays une grande puissance impériale en Asie.

▲ Le programme de Hitler

En 1923, durant son emprisonnement pour avoir tenté de s'emparer du pouvoir en Allemagne, Hitler écrivit *Mein Kampf* (« Mon Combat »). Il y expliquait que le pays avait besoin d'un chef tout-puissant et d'une grande armée, qu'il devait assurer son autonomie économique, combattre le communisme, garantir sa sécurité en conquérant un espace vital, et exterminer les Juifs.

▲ Le parti nazi

Fondé en 1920, le parti ouvrier allemand national-socialiste, ou parti nazi, était dirigé par Hitler. Les nazis étaient persuadés que les Aryens allemands appartenaient à une race supérieure et ils voulaient redonner à leur pays sa puissance d'autrefois.

▶ Rassemblements nazis

Les nazis organisaient régulièrement d'immenses rassemblements en plein air, durant lesquels les membres du parti défilaient sous des drapeaux et écoutaient les discours de Hitler et d'autres de leurs chefs. Quand le parti nazi remporta les élections législatives en 1933, ils tinrent leur principal rassemblement annuel à Nuremberg, dans le sud de l'Allemagne. Ces manifestations servaient à afficher la force et la détermination des nazis, ainsi que la fascination exercée par Hitler sur ses troupes.

Nazis au garde-à-vous
lors du rassemblement
de Nuremberg en 1935

▲ Le traité de Versailles
Après sa défaite lors de la Première Guerre mondiale, l'Allemagne fut contrainte de signer un traité de paix humiliant à Versailles en 1919. Elle perdait tout son empire colonial au profit des vainqueurs. Son armée devait rester très réduite. La plupart des Allemands considéraient ce traité comme un « diktat » (un fait imposé) et rejoignaient Hitler dans son refus d'en accepter les termes.

▶ Situation explosive en Afrique
En 1935, l'Italie envahit l'Éthiopie (appelée alors l'Abyssinie). L'empereur de ce pays, Hailé Sélassié 1er (1892-1975) (à droite), s'exila à Londres en 1936 et retrouva son trône en 1941 grâce aux Alliés. Le dictateur italien Mussolini voulait bâtir un nouvel Empire romain en Afrique du Nord et transformer la Méditerranée en « lac » italien. Il étendit sa domination sur la Libye et envahit, en 1939, son petit voisin européen, l'Albanie.

▲ Le Japon envahit la Chine
Après s'être emparé de la province chinoise de Mandchourie et y avoir installé un nouvel empereur, en 1931, le Japon se lança dans un important programme de réarmement. En 1937, le Japon déclencha l'invasion à grande échelle de la Chine et s'empara de la capitale, Nankin, et d'une grande partie de la côte.

Vers la guerre

En 1933, le parti nazi d'Adolf Hitler arriva au pouvoir en Allemagne et reconstitua la puissance militaire du pays, limitée depuis la fin de la Première Guerre mondiale. La Rhénanie, une région très industrialisée de l'Allemagne, située à la frontière avec la France et la Belgique, avait été déclarée zone démilitarisée en 1919. Hitler y envoya des troupes dès 1936 ; deux ans plus tard, il envahit l'Autriche et une partie de la Tchécoslovaquie. Alors que l'Italie étendait son influence en Méditerranée et en Afrique du Nord, le Japon envahit la Chine en 1937. Les liens entre l'Allemagne, l'Italie et le Japon se renforcèrent. La France et l'Angleterre tentèrent d'apaiser l'agressivité de ces trois pays puis décidèrent, à la fin des années 1930, de renforcer leurs armées. Aux États-Unis, l'inquiétude monta face à l'ascension du Japon dans l'océan Pacifique. Vingt ans seulement après la Première Guerre mondiale, un nouveau conflit s'annonçait.

▲ Hitler annexe l'Autriche

En mars 1938, Hitler envoya ses troupes sur le territoire autrichien et proclama l'*Anschluss*, c'est-à-dire le « rattachement » de l'Autriche à l'Allemagne. Hitler violait ainsi un peu plus le traité de Versailles qui interdisait à l'Allemagne cette annexion. La plupart des Autrichiens approuvèrent néanmoins cette alliance forcée, alors que les pays voisins s'inquiétaient de la puissance grandissante de Hitler.

◄ L'Axe Rome-Berlin

Au départ, le dictateur italien Mussolini (à gauche) était méfiant à l'égard de Hitler (à droite), car celui-ci souhaitait s'emparer de l'Autriche, voisine de l'Italie au nord. Petit à petit, les deux pays se rapprochèrent et, en 1936, ils constituèrent une alliance qui s'étendit par la suite au Japon. L'Italie et l'Allemagne signèrent en 1939 le pacte d'Acier, et les deux pays combattirent côte à côte durant les premières années de la guerre.

◄ La Grande-Bretagne et la France alliées

Les liens étroits unissant la France et la Grande-Bretagne en 1938 furent symbolisés par la visite du roi George VI (à droite) et de son épouse la reine Élisabeth, en France. Les deux pays étaient inquiets de la montée en puissance de l'Allemagne et de l'Italie. En 1939, alors que la guerre semblait inévitable, ils décidèrent de ne plus céder au chantage de l'Allemagne et d'aider militairement la Pologne, la Roumanie et la Grèce à conserver leur indépendance en cas d'attaque.

▲ La paix à tout prix

En 1938, pour faire retomber la tension en Europe, les dirigeants français et anglais cédèrent aux exigences de Hitler. Le Premier ministre britannique Neville Chamberlain (ci-dessus) et son homologue français Édouard Daladier signèrent à Munich des accords autorisant l'Allemagne à annexer les Sudètes, une région frontalière de la Tchécoslovaquie. Cet accord devait garantir « la paix ». Six mois plus tard, Hitler envahissait le reste de la Tchécoslovaquie.

◄ L'invasion de la Pologne

Des soldats allemands détruisent ici un poste frontière polonais. Hitler voulait annexer le couloir de Dantzig – étroite bande de terre séparant l'Allemagne de sa province de Prusse-Orientale et reliant Dantzig, port de la Baltique, au reste de la Pologne – créé par le traité de Versailles. La Pologne refusa et fut envahie le 1er septembre 1939. Deux jours plus tard, le 3 septembre 1939, la Grande-Bretagne et la France déclaraient la guerre à l'Allemagne.

Les préparatifs de guerre

Alors que la guerre s'annonçait entre 1938 et 1939, la Grande-Bretagne, la France, l'Allemagne et l'Italie se préparèrent au pire, établissant des plans de rationnement pour la nourriture et les matières premières. La France avait déjà construit, entre 1927 et 1936, la ligne Maginot, système fortifié destiné à défendre le pays sur sa frontière nord-est contre une invasion allemande.

Le gouvernement britannique, qui redoutait des bombardements sur Londres et d'autres villes, prit des précautions pour protéger la population civile quelques heures seulement après le début du conflit. On creusa des abris dans les parcs et les rues, on distribua des masques à gaz, on prépara l'évacuation de milliers d'enfants vers la campagne. La guerre éclata en septembre 1939, mais c'est seulement lorsque l'Allemagne envahit la Norvège, la Belgique, les Pays-Bas et la France, en avril et mai 1940, que ces plans furent mis à exécution.

▲ Avertisseur portable
Ces crécelles, utilisées pour empêcher les oiseaux de manger les récoltes, furent distribuées aux patrouilles de la British Air Raid Precautions afin d'avertir la population d'une attaque aérienne.

▲ Mobilisation totale
Vers la fin de la guerre, face à l'avancée inéluctable des Alliés, les Allemands âgés de 16 à 60 ans, qui n'étaient pas déjà dans l'armée, la Wehrmacht, furent mobilisés à l'arrière du front dans le Volkssturm, « pour la liberté et la vie » dit l'affiche. Ces nouvelles recrues manquaient d'uniformes et de préparation, et devaient se débrouiller avec les armes qui leur tombaient sous la main.

Un chemin de fer souterrain transporte les troupes et les armes dans la ligne Maginot.

▲ La ligne Maginot
Cet ouvrage de défense fortifié, décidé par le ministre de la Défense français André Maginot, fut construit en neuf ans. Il s'étendait le long de la frontière avec l'Allemagne, du Luxembourg au nord à la Suisse au sud, laissant à nu la frontière belge. Il se composait de défenses antichar, de postes d'artillerie à l'épreuve des bombes et de positions fortifiées, le tout relié par un chemin de fer souterrain. En 1940, les Allemands contournèrent la ligne par l'ouest.

Boîtes de conserve transformées en obus de mortier

Grenade antichar fabriquée avec une bouteille de bière

◀ Armes improvisées
En Grande-Bretagne, les Home Guards étaient des volontaires chargés de protéger les installations de défense et de lutter contre toute infiltration ennemie. Privés d'armes, ils en bricolèrent, utilisant des boîtes de conserve pour faire des obus de mortier et des bouteilles pour confectionner des cocktails Molotov et des grenades.

Masque à gaz allemand

◀ Masques à gaz
Tous les habitants d'Allemagne et de Grande-Bretagne reçurent des masques à gaz. Les gens prirent l'habitude de les garder avec eux en permanence, en cas d'attaque par les gaz. Toutefois, aucun des deux camps n'eut recours à cette arme et les masques ne furent jamais utilisés.

Filtre

Der Feind sieht Dein Licht!

Verdunkeln!

▲ Consignes de black-out

« L'ennemi voit ta lumière ! Masque-la ! » Cette affiche allemande ordonne aux civils d'obéir aux consignes de black-out en masquant leurs lumières la nuit, pour ne pas aider les bombardiers ennemis à se repérer grâce aux lumières des maisons. Dès le début de la guerre, le black-out fut obligatoire en Allemagne et en Grande-Bretagne.

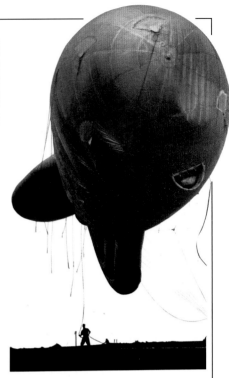

▲ Ballons protecteurs

D'énormes ballons captifs protégeaient les principales villes de Grande-Bretagne des raids aériens. Lancés avant une attaque, ils s'envolaient avec un écheveau de câbles en acier. Les bombardiers étaient obligés de voler très haut pour ne pas heurter ces filins, ce qui les empêchait de larguer leurs bombes avec précision.

▲ Les abris antiaériens

Les Britanniques citadins possédant un jardin reçurent un abri Anderson, tunnel en tôle ondulée sous lequel on se blottissait durant un raid aérien. Ceux qui n'avaient pas de jardin reçurent des abris Morrison, cages d'acier utilisables chez soi. En général, les populations bombardées cherchaient refuge dans les caves et les stations de métro.

Carte de rationnement civile allemande

◄ Le rationnement

La nourriture et l'essence furent rationnées en Allemagne dès le début de la guerre. Pour de nombreux Allemands pauvres, la nourriture distribuée d'office constitua pourtant un régime plus varié et plus sain. À partir de 1943, le rationnement fut plus sévère.

◄ La défense des plages

Des mines furent enfouies sur les plages du sud de l'Angleterre et du nord de la France, lieux potentiels de débarquement, afin d'infliger le maximum de pertes aux forces d'invasion.

Mine de plage britannique

11

Le « Blitzkrieg »

La « guerre éclair », Blitzkrieg
en allemand, est une tactique
militaire inventée et expérimentée avec succès
par l'armée allemande au début de la guerre.
La Panzerdivision, ou division blindée, appuyée
par l'aviation, ouvre la voie à travers les lignes
ennemies, suivie par l'infanterie, chargée de liquider
toute résistance. Le principe est de surprendre l'ennemi
grâce à la vitesse et à la puissance de feu des chars. C'est ainsi
que l'armée polonaise, prise aussi à revers à l'Est par l'URSS,
fut rapidement défaite. Entre septembre et avril 1940, le front
occidental fut calme, les Alliés restant en position défensive !
c'est « la drôle de guerre ». Entre mai et juin 1940,
l'Allemagne prit l'offensive à l'Ouest
selon sa stratégie du Blitzkrieg, brisant
le front français dans les Ardennes.
L'Allemagne triompha alors
rapidement en juin 1940.

Le ministre allemand des
Affaires étrangères, Joachim
von Ribbentrop

Le ministre soviétique
des Affaires étrangères,
Molotov

Le dirigeant soviétique, Joseph Staline

◄ Le pacte germano-soviétique
Le 23 août 1939, les ministres des Affaires
étrangères d'URSS et d'Allemagne signèrent un
accord à Moscou. Les deux pays promettaient
de rester neutres si l'un des deux entrait en
guerre et de se partager la Pologne. Ce pacte
autorisait par ailleurs l'Allemagne à envahir
la Pologne et l'Europe de l'Ouest sans avoir à
redouter une attaque soviétique.

Largage
de la bombe

Ce quotidien anglais
annonce la déclaration de
guerre à l'Allemagne de la
France et de l'Angleterre.

▶ Avancée motorisée
Les unités blindées allemandes
(Panzerdivisionen) envoyaient en éclaireurs des side-
cars pour pénétrer rapidement en territoire ennemi.
Leur arrivée brutale, avant celle des chars,
surprenait l'adversaire et débouchait
sur d'importants succès.

▼ Attaque de chars
Le général allemand Heinz Guderian (1888-1954) fut l'inventeur
de l'arme blindée allemande. Il sut voir le profit stratégique
que l'on pouvait tirer des Panzer (chars), utilisés
en pointe dans les attaques et suivis par
l'infanterie. En France, le colonel de Gaulle
défendait une approche semblable mais
il ne fut pas écouté : les chars
restèrent à l'infanterie et ne
s'opposèrent pas aux Panzer.

▲ La guerre est déclarée
La Grande-Bretagne et la
France déclarèrent la guerre à
l'Allemagne le 3 septembre 1939.
Leurs vastes empires coloniaux
entrèrent eux aussi dans le
conflit. Certains pays d'Europe
comme l'Irlande, la Suisse,
l'Espagne et le Portugal,
à l'instar des États-Unis,
restèrent neutres.

Blindé anti-char
allemand StuG III G

◄ Attaque en piqué
Le bombardier Junkers 87 (*Stuka*) fut le principal avion de combat utilisé par les Allemands durant le *Blitzkrieg*. Avec leur sirène hurlante, les *Stuka* plongeaient presque à la verticale pour larguer leur bombe sur les soldats et sur les populations terrorisées.

Grenade
à main

▲ Armes de jet
Des grenades à main de différents types étaient utilisées par l'infanterie allemande pour progresser en territoire ennemi. Elles permettaient de détruire les chars ennemis et d'éliminer les tireurs embusqués dans les maisons.

Grenade
à manche

► La France envahie
Les dégâts infligés dans le nord de la France sont visibles sur cette photo de Calais, prise après un bombardement aérien. Ces destructions rapides et massives conduisirent à l'effondrement de la France en moins de six semaines et à la défaite de l'armée française.

► L'assaut sur les Pays-Bas
En mai 1940, des troupes allemandes, puissamment armées, franchirent les frontières de la Belgique, du Luxembourg et des Pays-Bas. Les Néerlandais inondèrent une grande partie de leur pays pour ralentir l'avancée des Allemands. Malgré cela, ils se rendirent après quatre jours de combat. La Belgique et le Luxembourg firent de même peu de temps après, ouvrant le passage vers la France.

La grenade à manche est glissée dans la botte pour être utilisée rapidement.

L'occupation allemande

En Europe, les populations réagirent différemment à l'occupation allemande. Certaines rejoignirent la Résistance ou refusèrent de coopérer avec l'occupant. D'autres collaborèrent avec les Allemands, soit par opportunisme économique, soit par anticommunisme ou par anti-sémitisme. En 1940, la IIIᵉ République prit fin en France avec l'arrivée au pouvoir du maréchal Pétain qui décida de collaborer avec l'Allemagne. Le général de Gaulle, sous-secrétaire d'État dans le dernier gouvernement de la République, gagna Londres et appela à continuer le combat. Les dirigeants de Pologne, de Tchécoslovaquie, de Norvège, des Pays-Bas, de Belgique, du Luxembourg, de Grèce et de Yougoslavie s'enfuirent à Londres d'où ils constituèrent des gouvernements en exil. Au Danemark, le roi Christian X demeura dans son pays tout en refusant de collaborer. Mais, quelle que fût la situation locale, le véritable pouvoir était entre les mains de l'occupant allemand.

Écouteur

Plaque de la LVF

Hitler visite Paris neuf jours après l'entrée de ses troupes dans la ville.

▲ **Compagnons d'armes**
La Légion des volontaires français contre le bolchevisme (LVF) était une organisation anticommuniste. Elle rassembla des hommes pour lutter aux côtés des Allemands sur le front de l'Est, contre l'Union soviétique.

▲ **Hitler à Paris**
Le 14 juin 1940, les troupes allemandes entrèrent dans un Paris sans défense et en grande partie déserté par sa population : 2 millions d'habitants avaient quitté la capitale. La débâcle des troupes françaises, face à l'avancée irrésistible de l'armée allemande, avait provoqué l'exode des civils vers le sud. Mais, une fois le choc de l'invasion passé, la plupart des personnes rentrèrent chez elles, tentant de reprendre une vie normale.

Radio artisanale utilisée par une famille néerlandaise durant l'occupation

Une femme accusée d'avoir collaboré est rasée.

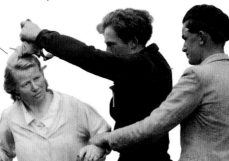

▲ **Une radio clandestine**
Cachée dans une boîte en fer, cette radio était utilisée par une famille néerlandaise pour écouter la BBC (la radio britannique). Les programmes se composaient de nouvelles de la guerre, de messages émanant des gouvernements en exil et de messages codés destinés aux agents secrets. Posséder une radio était interdit dans la plupart des pays occupés, mais cela n'empêchait pas les gens d'en fabriquer et de les écouter en secret.

◄ **Les collaborateurs**
Dans toute l'Europe, de nombreuses personnes collaborèrent de manière active avec les Allemands. Certaines dénoncèrent leurs voisins, les accusant de soutenir la Résistance, d'autres transmirent des renseignements. Quelques femmes vécurent avec des officiers allemands. À la Libération, les collaborateurs furent victimes de représailles : des femmes eurent la tête rasée et des hommes furent emprisonnés ou exécutés.

Écusson arborant la
francisque, emblème
de l'État français
(1940-1944)

◀ Nouveaux symboles

Antirépublicain, le régime
de Vichy abandonna tous les
symboles de la République française.
Outre les nombreux portraits du
maréchal Pétain, l'État français
avait adopté comme emblème la
francisque, une hache à deux fers.

Croix
anglaise
de Saint-
George

**REVOLUTION
NATIONALE**

▲ Opération Dynamo

Entre le 26 mai et le 4 juin 1940, 338 226 soldats
furent évacués des plages françaises de Dunkerque
au cours de l'opération Dynamo. L'armée
allemande, qui traversait à toute vitesse, en
direction de la Manche, le nord de la France,
après avoir percé les lignes françaises dans
les Ardennes, prit au piège les troupes
britanniques et une grande partie de
l'armée française. Une importante flotte
de navires britanniques, français,
néerlandais et belges effectua la
navette sur la Manche pour évacuer
ces soldats. Tout le matériel fut
abandonné. Dunkerque fut une
colossale défaite pour l'armée
britannique, mais le succès
de l'évacuation fit beaucoup
pour remonter le moral
des troupes dans ce
moment difficile.

▲ La France de Vichy

En juin 1940, alors que l'armée française s'était déjà effondrée, le maréchal
Philippe Pétain (1856-1951) fut nommé président du Conseil des ministres.
Vainqueur de la bataille de Verdun en 1916, le vieux maréchal bénéficiait
d'une grande popularité. Refusant de poursuivre le combat depuis l'empire
colonial, il signa un armistice avec l'Allemagne le 22 juin 1940. Outre l'arrêt des
combats, cet armistice prévoyait l'annexion à l'Allemagne de l'Alsace-Lorraine
et l'occupation du nord de la France jusqu'à la Loire. Installé à Vichy (Allier)
dans la zone libre, au sud, un nouveau régime se mit en place, après que, le
10 juillet, l'Assemblée nationale eut élu le maréchal chef de l'État français.
Autoritaire, corporatiste, anticommuniste et antisémite, ce régime, qui prônait
la « révolution nationale » avec pour devise « travail, famille, patrie », collabora
activement avec l'Allemagne en concourant à la déportation des Juifs et en lui
fournissant un approvisionnement crucial. Ce régime perdit
toute indépendance après novembre 1942, quand les
Allemands eurent envahi la zone libre. Il s'effondra
en 1944, à la Libération.

▶ À la rescousse

Avec ses 4,4 m de long,
le *Tamzine* fut le plus petit
bateau engagé dans
l'opération Dynamo. Il faisait
partie des 900 embarcations
qui allaient du démineur ou contre-
torpilleur au bateau de plaisance ou
de pêche. Le *Tamzine* transporta un
grand nombre d'hommes depuis
les plages de Dunkerque jusqu'aux
navires de haute mer, avant d'être
remorqué en Angleterre par un
chalutier belge.

TAMZINE

Le Tamzine, le plus petit bateau civil
qui traversa la Manche
lors de l'opération Dynamo

▲ Soutien affiché
Au combat, les résistants portaient souvent des brassards de reconnaissance comme celui-ci, de l'Armée de l'intérieur polonaise. Ce groupe, créé en 1939 pour combattre l'armée d'occupation allemande, fut à l'origine du soulèvement de Varsovie en août 1944.

▲ Les couleurs de la liberté
Les groupes de résistants néerlandais furent parmi les plus efficaces d'Europe. Ils portèrent secours aux Juifs menacés de déportation et fournirent un soutien précieux aux pilotes et aux troupes aéroportées alliées.

▲ La France libre
Le 18 juin 1940, le général de Gaulle lança, depuis Londres, son appel radiophonique aux Français à continuer le combat au sein des Forces françaises libres (FFL). En 1944, les organisations militaires de la Résistance prirent le nom de Forces françaises de l'intérieur (FFI).

▲ Espionner l'ennemi
La résistance danoise à l'occupation allemande s'accrut à mesure que les conditions de vie se dégradaient. En 1943, un groupe de résistants espionna l'adversaire pour le compte de la Grande-Bretagne et mena des actes de sabotage.

La Résistance

La riposte des populations européennes à l'occupation allemande fut au début assez inorganisée. La résistance armée était éparpillée et seuls quelques héros isolés risquèrent leur vie en aidant des soldats alliés ou en cachant des Juifs. Peu à peu, des réseaux plus structurés se développèrent, aidés par la Grande-Bretagne qui fournissait des armes et des renseignements. Les actions militaires les plus efficaces étaient le fait de groupes de résistants basés dans des zones montagneuses d'où l'on pouvait mener des attaques surprises. À mesure que les Allemands utilisaient des méthodes de plus en plus violentes face à ceux qu'ils jugeaient « indésirables », la résistance s'amplifia. À la Libération, en 1944, 45 groupes organisés de partisans combattirent à travers l'Europe aux côtés des troupes britanniques, américaines et russes.

▲ Le roi Christian X
Quand l'Allemagne envahit le Danemark le 9 avril 1940, le roi Christian X (1870-1947) resta dans son palais et ne partit pas en exil en Angleterre comme la plupart des monarques des autres pays occupés. Le gouvernement danois collabora aussi peu que possible avec les Allemands et aida même la plupart des 8 000 Juifs du pays à s'enfuir en Suède, pays resté neutre.

Timbre authentique

Faux timbre
▲ Cherchez l'erreur
Communiquer par voie postale était risqué pour les résistants. Ainsi les Allemands interceptaient et falsifiaient le courrier envoyé par la Résistance française, entraînant l'arrestation et l'exécution de ses membres. Pour permettre aux résistants d'identifier les lettres authentiques, les services secrets britanniques imprimaient de faux timbres français se distinguant des vrais par d'infimes détails.

Sur ce timbre imprimé pour la Résistance, l'ombre sous l'œil gauche est plus grande.

Carte de rationnement, permis de conduire et papiers militaires français

Fausse carte d'identité d'Edward Yeo-Thomas. Il dut inventer une signature correspondant à sa nouvelle identité.

▲ Vies secrètes
Les agents infiltrés adoptaient de nouvelles identités, confirmées par de faux papiers. L'agent britannique Edward Yeo-Thomas (1901-1964), surnommé Lapin blanc, travailla avec la Résistance française lors de trois missions. Il devint François Thierry, puis Tirelli, né à Alger. Capturé en 1944, il fut torturé par la Gestapo, mais il survécut.

Crosse poids plume

Détente

◀ Armes fabriquées par la Résistance
La mitraillette britannique Sten était légère et d'un maniement simple. Facile à fabriquer, elle fut souvent copiée par des groupes de résistants de l'Europe occupée. La Mark II 9 mm présentée ici a été fabriquée par des résistants danois.

◀ Embuscades
Le chef d'un groupe de maquisards français donne les consignes à ses hommes avant une attaque. La Résistance française débuta dès que les armées allemandes pénétrèrent en France en mai 1940. Dès 1941, des groupes armés étaient opérationnels. On leur donna le nom de maquis, un mot d'origine corse qui désigne une végétation méditerranéenne très dense, car ils se cachaient dans des zones difficiles d'accès d'où ils jaillissaient brusquement pour attaquer l'ennemi.

▶ Un atout dans sa manche
À l'instar de nombreux résistants, les FFI (Forces françaises de l'intérieur) utilisaient de petits couteaux cachés dans leurs manches pour s'échapper s'ils étaient faits prisonniers : une tactique souvent efficace. On voit sur cet étui de couteau l'insigne de la France libre : la croix de Lorraine.

L'étui du couteau est attaché à un brassard dissimulé sous les vêtements.

◀ La veuve courage
Violette Szabó (1921-1945), vendeuse de parfum à Londres, rejoignit le Special Operations Executive (SOE) après la mort de son mari au combat dans les rangs des Forces françaises libres. Violette Szabó sauta à deux reprises en parachute au-dessus de la France, la deuxième fois en juin 1944 pour aider un groupe de résistants. Elle mourut dans un camp de concentration.

Ce silencieux atténue en grande partie le bruit de la détonation.

P. BERETTA-CAL. 9 SCURT - M° 1934-BREVET. GARDONE V.T-1941

▲ Une arme silencieuse
Le pistolet Beretta 9 mm muni d'un silencieux était utilisé par les membres de l'Organizzazione di Vigilanza e Repressione dell'Antifascism (Ovra). Créé pour éradiquer l'opposition au fascisme italien, ce groupe combattit les résistants dans les Alpes françaises et les Balkans.

◀ Les partisans de Tito
Le mouvement de résistance européen le plus important était celui des partisans yougoslaves que l'on voit ici à l'entraînement. Organisée par le leader du parti communiste local Tito (1892-1980), cette armée compta jusqu'à 150 000 membres. En 1944, une force composée de partisans et de l'Armée rouge soviétique reprit la capitale yougoslave, Belgrade, aux Allemands, puis tout le pays.

Dans l'armée allemande

Les forces armées allemandes étaient composées de différentes organisations placées sous l'autorité de Hitler, commandant en chef des armées. La *Wehrmacht*, l'armée régulière, constituait l'essentiel des troupes et était totalement distincte de la *Schutzstaffel* (les SS), organisation militaire créée par Hitler au sein du parti national-socialiste. Les SS fonctionnaient quasiment comme un État dans l'État et contrôlaient la police secrète (la *Gestapo*). L'arme blindée (les divisions blindées ou *Panzerdivisionen*), la marine (*Kriegsmarine*) et l'aviation (*Luftwaffe*) étaient indépendantes, ainsi que les forces de réserve, les diverses milices et les Chemises brunes. Leurs uniformes et leurs emblèmes donnaient une image attirante pour la jeunesse. Jusqu'en 1942, l'armée allemande était considérée comme invincible par les Allemands et par leurs adversaires.

Insigne à tête de mort

Calot

Insigne de la division

Patte de col orné du symbole SS

◀ **Une tenue qui frappe**
Les troupes des divisions blindées avaient un uniforme différent de ceux des autres corps de l'armée allemande. Les soldats portaient une veste noire courte et moulante (*Panzerjacke*), adaptée à l'habitacle exigu d'un char. S'agissant ici d'une division blindée SS, le calot est orné de l'emblème national allemand et de la tête de mort SS.

Blouson des troupes blindées

Bande de bras de la division « Adolf-Hitler »

Ceinture

Sur la boucle, la devise : « Meine Ehre heisst Treue » (« Ma fidélité est mon honneur »)

Pantalon

Sangle de ceinture

Bordure

Fente à la cheville

▶ **Division blindée**
Les chars allemands étaient regroupés en *Panzerdivisionen* (*Panzer* signifie « armure »). Ce char PzKpfw IV (à droite) était l'un des 2 500 blindés qui pénétrèrent en France en 1940, regroupés en 10 *Panzerdivisionen* (divisions blindées).

◀ **Fièrement porté**
L'insigne argenté sur fond noir représentant l'emblème national était arboré par les *Waffen-SS*, les unités de combat des SS. A leur apogée, en 1942-1943, les *Waffen-SS* comptaient 39 divisions, soit plus de 900 000 soldats.

Aigle

Le svastika, symbole antique représentant la chance

Emblème national

Poignées permettant d'orienter le canon

◀ **Le danger caché**
Une des armes antichar les plus utilisées par l'armée allemande était le Pak 38 (ci-contre). C'était l'une des seules armes capable d'arrêter les chars soviétiques T34, des blindés redoutables. Le Pak 38 pouvait tirer un obus à 2 750 m et son faible encombrement permettait de le dissimuler à la vue de l'ennemi.

Bottines

Les roues pleines facilitaient l'entretien.

Casquette de général en chef

Grade de général
de division

Feuilles de chêne
et de laurier

Patte de col
à feuilles de
chêne d'or

Emblème
national

Bande
de bras de la division
GrossDeutschland

◀ Dans la « Wehrmacht »

Le nouvel emblème national choisi par Hitler, un aigle tenant dans ses serres une couronne de feuilles de chêne entourant un svastika, fut ajouté sur tous les uniformes de l'armée allemande. Toutefois, il conserva la plupart des insignes traditionnels de l'armée, comme ceux qui indiquaient le grade. Des passepoils de différentes couleurs symbolisaient chaque corps : pourpre pour l'état-major, blanc pour l'infanterie et rouge pour l'artillerie.

Barrette de décorations

Croix-de-Fer de
première classe, 1939

Crochet
pour porte-
poignard

Vareuse

6 canons
équipaient
ce lance-roquette
multiple.

◀ Minnie la Râleuse

Ce *Nebelwerfer* (lance-brouillard) était capable de tirer 6 roquettes de 32 kg jusqu'à 6 900 m. Toutefois, sa position était facilement détectable car chaque roquette, en s'élevant dans les airs, produisait une flamme de 12 m. Les Britanniques surnommèrent cet engin « Minnie la Râleuse », à cause du bruit qu'il faisait au moment du tir.

Ceinture
avec étui

Étui de
pistolet

▶ Les Chemises brunes

Les soldats de la SA (Section d'assaut), ou *Sturmabteilung*, étaient surnommés les Chemises brunes en raison de leur uniforme. Créée en 1921 pour intimider les adversaires politiques du parti nazi, cette force, qui militait pour une révolution sociale, compta jusqu'à 3 millions de membres. Toutefois, Hitler, pour se gagner la sympathie des conservateurs et de l'armée, fit assassiner ses responsables, soit plus de 200 personnes en tout, en juin 1934, lors de la Nuit des longs couteaux.

▲ Brassard SS

Ce brassard distinctif était porté par les membres de la *Schutzstaffel* (SS), l'organisation la plus redoutée de l'Allemagne nazie. C'est elle qui contrôlait la *Gestapo* (la police secrète) et ses membres étaient réputés pour leur violence. Les SS étaient chargés du fonctionnement des camps de concentration.

Pantalon
de général
en chef

Gousset à
montre

Large
bande
rouge
d'officier
général
d'artillerie

Lacets
de mollets

Bottes
de général
en chef

▲ La tête de l'emploi

Les *Schutzstaffeln*, ou SS, qui défilent ici, furent créés initialement par Hitler pour lui servir de garde personnelle. Leur chef, Heinrich Himmler, en fit une force de sécurité indépendante à l'intérieur de l'État nazi. L'appartenance à ce corps dépendait de critères physiques précis et était réservée aux « Aryens » (des Blancs non-juifs), tels que les définit l'idéologie nazie.

▲ Sur le front

Un soldat de l'infanterie allemande s'arrête devant une ferme russe en feu. Cet homme est l'un des 12,5 millions qui servirent dans l'armée allemande durant la guerre. L'infanterie (les soldats à pied) joua un rôle capital dans les conquêtes allemandes, marchant et combattant jusqu'aux portes de Moscou, avant de battre en retraite pour défendre Berlin.

La bataille d'Angleterre

Après la défaite de la France en juin 1940, Hitler espérait que les Britanniques signeraient la paix. Mais ce n'était nullement l'intention de la Grande-Bretagne, conduite par son nouveau Premier ministre Winston Churchill. Hitler décida alors de lancer une grande opération aéronavale à travers la Manche, baptisée Lion de Mer, afin d'envahir la Grande-Bretagne. Auparavant, l'aviation allemande (*Luftwaffe*) devait vaincre la *Royal Air Force* (RAF), l'aviation britannique. La première attaque visant les aérodromes anglais eut lieu le 10 juillet 1940. Des vagues de bombardiers Dornier survolèrent le sud-est de l'Angleterre, escortés par des chasseurs Messerschmitt très rapides. Les Hurricane et les Spitfire britanniques décollèrent à leur tour en contre-attaque. Pendant des jours, la bataille fit rage dans le ciel. La RAF prit peu à peu le dessus et, en octobre 1940, l'Allemagne annula l'opération.

Les ailes du Spitfire contenaient 8 mitrailleuses Browning.

◄ Spitfire
Au commencement de la guerre, le Spitfire Mk 1A de la RAF était l'avion de chasse le plus moderne. Capable d'atteindre une vitesse de 582 km/h, il était plus rapide et plus maniable à haute altitude que son rival allemand, le Messerschmitt Bf109E.

◄ Une force aérienne internationale
La RAF se composait de pilotes du monde entier, parmi lesquels des Polonais, des Tchèques et des Français ayant fui leur pays occupé par les Allemands. On trouvait également de nombreux Canadiens et Néo-Zélandais, ainsi que sept Américains, alors que les États-Unis n'étaient pas encore entrés en guerre. Chaque nouveau pilote ne recevait que dix heures de formation avant d'être envoyé au combat.

Deux navigateurs de la RAF étudient une carte avec leurs pilotes de nationalité polonaise.

Radar mobile de défense antiaérienne

► Détection de l'ennemi
Les radars jouèrent un rôle capital dans le succès de la RAF, car ils permettaient de repérer l'arrivée des avions ennemis. Le système utilisait des pylônes d'acier de 90 m de haut qui émettaient des signaux radio. Ces signaux rebondissaient contre les avions et étaient captés par les radars. Les pilotes pouvaient alors se précipiter à bord de leurs appareils pour aller au-devant de l'ennemi.

► Duels aériens
Luttant pour le contrôle du ciel, la RAF et la *Luftwaffe* livraient fréquemment des combats aériens rapprochés. Ces affrontements exigeaient beaucoup de bravoure de la part de ces pilotes souvent jeunes, insuffisamment entraînés et épuisés.

> « Jamais dans le domaine des conflits humains, un si grand nombre de personnes furent tant redevables à si peu de personnes. »
>
> WINSTON CHURCHILL

Messerschmitt Bf110C

◀ Messerschmitt

Deux types de Messerschmitt constituaient l'ossature de la Luftwaffe. Le Bf110C était un chasseur bimoteur à long rayon d'action destiné à escorter les bombardiers. Toutefois, lents et difficiles à manier, ils ne pouvaient rivaliser avec les chasseurs monomoteurs anglais Hurricane ou Spitfire. Plus rapide que le Bf110C, le Bf109E était supérieur aux Hurricane, mais son autonomie était de 660 km seulement.

▲ Les forces aériennes de Göring

Le chef de la Luftwaffe, le Reichmarschall Hermann Göring et ses officiers assistèrent à la bataille d'Angleterre depuis les côtes françaises. Göring pensait que la Luftwaffe détruirait les défenses aériennes du sud de l'Angleterre en moins de quatre jours et la RAF, en seulement quatre semaines. Après quoi, espérait-il, l'Allemagne pourrait envahir la Grande-Bretagne. Mais la Luftwaffe fut finalement vaincue.

▶ Aux aguets

Le personnel au sol se servait de puissantes et robustes jumelles pour guetter les avions ennemis. Les deux camps utilisaient des radars pour la surveillance lointaine. Mais rien ne remplaçait l'œil humain quand il s'agissait de surveiller les mouvements d'un avion ennemi.

Viseur de direction

Lentilles puissantes

Jumelles d'observation de la Luftwaffe

Oculaire

Les jumelles pivotaient à 360° pour couvrir la totalité du ciel.

Les bombardements

Il n'y avait pas de bruit plus terrifiant, durant la guerre, que le bourdonnement annonçant l'arrivée des escadrilles de bombardiers ennemis. Les deux camps étaient convaincus de réduire la capacité offensive de l'adversaire en détruisant par les bombes ses installations stratégiques (raffineries de pétrole, usines et voies ferrées). Parallèlement, en bombardant les villes et leurs habitants, chaque camp cherchait à détruire le moral de l'adversaire afin de l'amener à signer la paix. C'est ainsi que la Grande-Bretagne endura le *Blitz* de 1940 à 1941, tandis que l'Allemagne fut bombardée sans relâche dès 1942, et le Japon à partir de 1944. Des milliers de personnes furent tuées, et des milliers de maisons détruites.

Insigne de pompier

Deux survivantes du Blitz, dont la maison a été détruite, sortent de l'abri qui leur a sauvé la vie.

▲ Aux abris !

Pendant les bombardements aériens, la population se précipitait dans les abris souterrains prévus à cet effet, dans les caves ou dans des abris de fortune aménagés dans les maisons. La pluie de bombes qui s'abattit sur les villes d'Europe et du Japon fit des ravages, rasant presque totalement certaines villes, et les abris furent d'une grande utilité.

◀ Les fusées V-1 et V-2

Vers la fin de la guerre, l'Allemagne lança ses armes les plus secrètes et mortelles: les fusées V-1 et V-2, sans pilotes (la lettre v pour *die Vergeltung*, la vengeance). Ces bombes volantes transportaient des ogives explosives d'une tonne, capables de provoquer d'importants dégâts. Toutefois, un grand nombre de ces fusées furent détruites en vol par l'aviation alliée ou manquèrent leurs cibles, car il n'était pas facile de les diriger.

Le V-2 mesurait 14 m de haut, pesait 13 t et volait à une altitude de 8 000 m.

◀ La lutte contre le feu

L'essentiel des destructions provoquées par les bombes était en fait dû aux incendies qu'elles déclenchaient. Les pompiers risquaient leur vie pour éteindre les flammes. Ils devaient également vérifier que personne n'était prisonnier à l'intérieur des bâtiments en feu.

Les pompiers de Londres en train de lutter contre un incendie dans un entrepôt en 1941

Bombe incendiaire au magnésium

◀ Bombes incendiaires

Des milliers de ces bombes furent larguées sur les villes britanniques et allemandes durant la guerre. Remplies de produits chimiques inflammables comme le magnésium ou le phosphore, elles étaient conçues pour mettre le feu aux bâtiments en provoquant une chaleur intense.

▶ Le « Blitz »

Après la bataille d'Angleterre, l'Allemagne tenta d'obliger la Grande-Bretagne à se rendre en bombardant ses villes. Entre septembre 1940 et mai 1941, l'Allemagne lança 127 raids nocturnes de grande ampleur. 71 d'entre eux visèrent Londres ; les autres, des villes telles que Liverpool, Glasgow et Belfast. Plus de 80 000 civils furent tués et 2 millions de maisons furent détruites au cours de ce que l'on nomma le *Blitz*.

B-17 Flying Fortress

▲ Bombardements à longue distance

Ces Forteresses volantes américaines pouvaient transporter jusqu'à 5 800 kg de bombes. Une telle puissance de feu leur permettait d'infliger d'énormes dégâts aux installations stratégiques, mais aussi de tuer de très nombreux civils.

Viseur

▼ Le bombardement de Dresde

Le raid aérien allié contre la ville allemande de Dresde en février 1945 fut l'un des épisodes les plus sanglants et controversés de la guerre. Les bombes provoquèrent un gigantesque incendie qui tua entre 30 000 et 60 000 civils. Cette ville possédant peu d'objectifs militaires, de nombreuses voix s'élevèrent pour condamner comme un crime de guerre ce raid contre des civils désarmés.

▲ Défendre le bombardier

Le rôle de mitrailleur à bord d'un bombardier était assez dangereux. Assis ou debout à l'intérieur d'une tourelle transparente, il devait repousser les attaques des chasseurs ennemis avec son arme.

Deux ans après le raid, la ville de Dresde était toujours en ruine.

◄ Distribution de bons points

La *Luftwaffe* (armée de l'air allemande) attribuait une décoration à ses mitrailleurs en fonction des points qu'ils gagnaient. Abattre un avion ennemi rapportait 4 points. Il fallait 16 points pour obtenir cette récompense.

▲ Mitrailleuse de bombardier

La seule défense du bombardier contre l'attaque de chasseur était ses mitrailleurs équipés de puissantes mitrailleuses. Les bombardiers, lourdement chargés et volant lentement, constituaient une cible facile pour l'aviation ennemie ou pour les tirs des batteries antiaériennes au sol. C'est pourquoi ils volaient en importants convois, escortés de chasseurs rapides et agiles les aidant à repousser les attaques.

Mitrailleuse arrière d'un bombardier allemand Heinkel

Une rue de Londres après une nuit de bombardement durant le Blitz

Des volontaires des forces antiaériennes et des civils recherchent des survivants parmi les décombres des maisons.

La guerre totale

Jusqu'au milieu de l'année 1941, la guerre avait pour théâtre l'Europe et l'Afrique du Nord, avec d'un côté les forces de l'Axe (l'Allemagne, l'Italie et plusieurs pays d'Europe orientale, voir carte), et de l'autre les Alliés (la Grande-Bretagne, la France et leurs vastes empires coloniaux). Après la défaite de la France en juin 1940, la Grande-Bretagne se retrouva seule face à l'Axe. Une situation qui changea radicalement au moment de l'invasion de la Russie par l'Allemagne, et des attaques japonaises à Pearl Harbor et en Malaisie. La guerre devint alors mondiale – l'Amérique du Sud restant seule en dehors du conflit –, de l'Atlantique Nord à l'océan Pacifique, des déserts d'Afrique du Nord aux steppes de Russie jusqu'aux jungles du Sud-Est asiatique.

Épaulette de Staline

Cette carte montre l'étendue de la domination de l'Axe en Europe en **1942**.

▲ L'Europe occupée

En novembre 1942, l'Allemagne et l'Italie occupaient la majeure partie de l'Europe face à la Grande-Bretagne et la Russie. En Afrique du Nord, les Alliés débarquèrent au Maroc et en Algérie ; ils arrêtèrent l'avance allemande en Égypte, la repoussant jusqu'en Libye.

- Pays de l'Axe
- Pays occupés par l'Axe
- Pays alliés
- Régions contrôlées par les Alliés
- Pays neutres
- Limite de l'expansion allemande

◀ La France libre

Quand la France fut envahie par l'Allemagne, le général de Gaulle (1890-1970) gagna l'Angleterre et appela à poursuivre le combat. Bien que peu nombreux au départ, les ralliements au chef de la France libre s'intensifièrent très vite en France comme outre-Manche.

Ces Panzerkampfwagen II allemands traversent un village russe que ses habitants ont incendié avant de prendre la fuite.

◀ L'invasion de l'Union soviétique

Le 22 juin 1941, les Allemands lancèrent une attaque surprise contre l'Union soviétique, mettant fin au pacte germano-soviétique dans lequel les deux pays se promettaient une bienveillante neutralité. Cette invasion, baptisée Opération Barbarossa, entraîna l'entrée en guerre de l'URSS.

Winston Churchill (1874-1965) Premier ministre britannique

Franklin Roosevelt (1882-1945) Président des États-Unis

Joseph Staline (1879-1953) Secrétaire général du parti communiste d'Union soviétique

◀ Les trois grands

On voit ici les dirigeants des trois grandes puissances alliées contre l'Allemagne – la Grande-Bretagne, l'URSS et les États-Unis – réunis à Yalta en Crimée (Russie) en février 1945. Ils se rencontrèrent deux fois au cours de la guerre afin de coordonner au plus haut niveau leurs stratégies.

▶ L'attaque de Pearl Harbor

Le 7 décembre 1941, le Japon lança une offensive surprise sur la base navale américaine de Pearl Harbor à Hawaii. 19 navires furent détruits et 2 403 marins tués. Le président Roosevelt parla d'« un jour qui restera frappé d'infamie » et déclara immédiatement la guerre au Japon. L'Allemagne entra ensuite en conflit avec les États-Unis.

▶ L'Italie de Mussolini

Mussolini (à droite) fit entrer l'Italie en guerre aux côtés de l'Allemagne en juin 1940. A cette même date, il déclara la guerre à la Grande-Bretagne et à la France dont il occupa le Sud-Est. En octobre 1940, il attaqua la Grèce et, en 1941, il conquit la Yougoslavie aux côtés de l'Allemagne. Les troupes italiennes combattirent également avec les Allemands en URSS, mais l'Italie demeura toujours un partenaire de second plan au sein de l'Axe.

Hitler et Mussolini en visite à Florence, en Italie

◀ Le général Tojo

Tojo Hideki (1884-1948), chef du parti militariste japonais à partir de 1931, se rapprocha de l'Allemagne et de l'Italie. Nommé Premier ministre en octobre 1941, il instaura une dictature militaire. Sous son gouvernement, le Japon attaqua les États-Unis et les territoires britanniques et français en Asie du Sud-Est, tout en étendant l'Empire japonais dans l'océan Pacifique.

Le général Tojo Hideki en couverture d'un magazine japonais pendant la guerre

▲ Sous le contrôle du Japon

En 1942, le Japon avait déjà conquis tout le Sud-Est asiatique et une grande partie de l'océan Pacifique. La victoire navale des États-Unis à Midway, en juin 1942, mit fin à l'avancée japonaise.

Zone contrôlée par le Japon en 1942

Limite de l'expansion japonaise

L'attaque de Pearl Harbor

Un navire de guerre américain explose au cours du bombardement japonais.

Missions en territoire ennemi

Durant la guerre, un grand nombre d'hommes et de femmes risquèrent leur vie en pénétrant en territoire ennemi. Ils espionnaient, assistaient les mouvements de résistance et commettaient des actes de sabotage pour connaître les défenses de l'ennemi et préparer un débarquement allié en Europe occidentale ou méridionale. Les Britanniques créèrent le *Special Operations Executive* (SOE) et les Américains l'*Office of Strategic Services* (OSS) afin de former des agents d'infiltration. Des chercheurs étaient chargés d'inventer des systèmes ingénieux pour dissimuler des émetteurs, des cartes et autres accessoires nécessaires au bon déroulement d'une mission. Toutes ces opérations avaient pour but principal de stimuler les résistances à l'intérieur de l'Europe occupée.

◀ Pilule suicide
Les agents secrets britanniques gardaient dans un pendentif une pilule de cyanure qu'ils devaient avaler s'ils étaient capturés par l'ennemi. Celle-ci provoquait la mort en cinq secondes, empêchant ainsi toute tentative de l'ennemi pour sauver l'espion. Aucun n'eut cependant à l'utiliser.

Minuscule boussole — Compartiment caché

▲ Des plans dans le tuyau d'une pipe
D'apparence parfaitement anodine, cette pipe renfermait des documents secrets. L'intérieur du fourneau était en amiante, ce qui permettait de fumer la pipe sans enflammer le message ou la carte cachée à l'intérieur. Le tuyau contenait également une minuscule boussole.

Lame — Les découpes permettent de voir la lame.

▲ Un couteau caché
Le M19, l'organisation britannique qui aidait les prisonniers de guerre à s'évader, mit au point ce crayon qui renfermait une lame, très utile pour une tentative d'évasion. Un simple crayon n'éveillait pas les soupçons au cours d'une fouille ou d'un interrogatoire.

On dévissait le bout pour charger la balle.

Projectile

▲ L'agent secret Sorge
Richard Sorge (1895-1944), représenté ici sur un timbre-poste soviétique, était un journaliste allemand qui espionnait pour le compte des Russes. Correspondant d'un journal allemand au Japon, il apprit que l'Allemagne allait envahir l'URSS en 1941 et que le Japon n'attaquerait pas en même temps : une information vitale pour l'Union soviétique.

▲ Porte-mine pistolet
En dévissant l'extrémité et en y insérant une balle de 6,35 mm, ce porte-mine se transformait en pistolet très efficace. Le tube renfermait un chien à ressort pour propulser la balle, libérée par un bouton sur le côté.

On tirait le bouton en arrière pour envoyer la balle.

◀ Rendez-vous dangereux
Le SOE envoya la Française Odette Sansom dans le sud de la France en 1942 pour établir le contact avec une unité dirigée par Peter Churchill. Découverts à la suite d'une indiscrétion de la Résistance, en 1943, ils furent déportés en camp de concentration. Ils survécurent et se marièrent après la guerre.

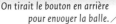

▲ La menace du stylo empoisonné
Ce stylo lance-aiguilles comptait parmi les armes les plus ingénieuses conçues par les Britanniques pour la Résistance française. Il suffisait de retirer le capuchon pour tirer une aiguille de gramophone sur un ennemi. Les aiguilles n'étaient pas mortelles ; l'idée était de répandre la rumeur selon laquelle elles étaient empoisonnées.

Bouton de réglage des fréquences

Ces lanières permettaient de fixer les semelles sous les chaussures des agents.

Couvercle avec des inscriptions en anglais

▲ Fausses empreintes
Le SOE fournit à ses agents des semelles en caoutchouc en forme de pieds qu'ils attachaient sous leurs chaussures afin de dissimuler leurs traces sur les plages. Dupés, les Allemands croyaient que ces empreintes étaient celles d'habitants de la région qui marchaient pieds nus dans le sable.

▲ Émetteur de poche
L'Abwehr, les services secrets allemands, fournit à ses agents ces petits émetteurs à piles. Les agents pouvaient ainsi envoyer et recevoir des messages en morse. Toutes les commandes de l'appareil étaient libellées en anglais pour ne pas trahir l'utilisateur s'il était arrêté.

▶ Des secrets sous le pied

Des compartiments secrets à l'intérieur des semelles en caoutchouc des chaussures constituaient une cachette idéale pour les messages, plans et autres documents. Les deux camps utilisèrent abondamment cette invention simple durant la guerre.

Message caché dans le talon

▼ Une valise à messages

Les valises-radios étaient utilisées par les deux camps pour transmettre des messages à partir du territoire ennemi. Par souci de discrétion, certains émetteurs américains étaient dissimulés dans d'authentiques valises de réfugiés européens arrivés à New York. Le code morse permettait d'envoyer des messages sur une plus grande distance que des messages vocaux.

Ces écouteurs permettaient aux agents d'écouter les messages qu'on leur envoyait.

Prise permettant de brancher l'émetteur sur le secteur

◀ Parachutage fatal

Toutes les opérations du SOE ne furent pas de brillants succès. Madeleine Damermant fut parachutée au-dessus de la France occupée, avec deux autres agents, en février 1944. Elle fut capturée à l'atterrissage et, après avoir été interrogée, fut envoyée au camp de concentration de Dachau où elle fut exécutée. De nombreux agents du SOE connurent un sort similaire.

▶ Cartes truquées

Dans l'épaisseur de cette carte à jouer se trouvait dissimulée une partie d'une carte routière destinée à organiser une évasion. La carte routière était divisée en plusieurs sections numérotées ; avec le jeu complet, les prisonniers pouvaient la reconstituer.

En décollant le dessus de la carte, on découvrait une autre carte, routière celle-ci.

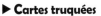

▲ Allumettes étrangères

Cette boîte d'allumettes semble française, mais elle a été fabriquée en Grande-Bretagne pour des agents du SOE. Les espions envoyés à l'étranger ne devaient posséder aucun objet susceptible de trahir leur véritable identité. Tout ce qu'ils avaient sur eux devait donner l'impression d'avoir été fabriqué localement.

Ouverture pour l'objectif

▲ Boîte d'allumettes appareil photo

La société américaine Kodak mit au point ce minuscule appareil photo camouflé en boîte d'allumettes pour que les agents secrets du SOE puissent prendre des photos sans se faire repérer par l'ennemi. L'étiquette sur la boîte variait en fonction du pays dans lequel était utilisé l'appareil photo.

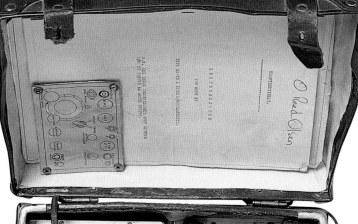

Cadran de fréquences

Diode de rechange

Galène permettant de changer les fréquences de transmission

Manette servant à émettre en morse

Cette radio Mark II fut utilisée par Oluf Reed Olsen, un agent norvégien travaillant pour les Britanniques dans son pays occupé.

Ces pinces permettaient de brancher l'émetteur sur une batterie de voiture.

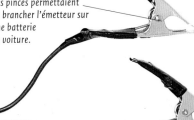

Les prisonniers de guerre

Plusieurs millions de soldats furent capturés ou se rendirent à l'ennemi durant le conflit. Dans les premiers mois de la guerre, plus de 2 millions de soldats français furent faits prisonniers. Pour ces hommes, la guerre sur le terrain était terminée. Ils durent passer plusieurs mois, voire plusieurs années, enfermés dans des camps. La détention des prisonniers de guerre fut un excellent moyen de pression de l'Allemagne sur le gouvernement de Vichy. Si les accords internationaux, comme la Convention de Genève de 1929, stipulaient que les prisonniers de guerre devaient être bien traités, ceux-ci souffraient des restrictions dans les camps allemands, surtout vers la fin de la guerre. Un grand nombre d'entre eux cherchèrent le moyen de s'évader mais peu y parvinrent et le châtiment fut sévère pour ceux qui se faisaient reprendre.

▲ Des hommes marqués
Les prisonniers devaient avoir sur eux leur plaque d'identité. Celles-ci proviennent de l'*Oflag* XVIIA et du *Stalag* VI/A en Allemagne.

▲ La monnaie du camp
Tous les prisonniers de guerre dans les camps allemands étaient payés avec une monnaie spéciale (*Lagergeld*) pour le travail qu'ils effectuaient. Cet argent, comme ces billets de 1, 2 et 5 Reichsmarks, servait à acheter au magasin du camp des rasoirs, du savon à barbe, du dentifrice et parfois des rations supplémentaires.

◄ Boucle tranchante
Certains prisonniers parvenaient à subtiliser des outils simples. Une lame cachée dans une boucle de ceinture pouvait toujours servir à un prisonnier pour se libérer s'il se retrouvait attaché.

Scie miniature

Des prisonniers de guerre polonais font cuire de la nourriture de contrebande sur des réchauds de fortune dans leur baraquement.

► La vie en captivité
La Convention de Genève est un traité international garantissant des droits aux prisonniers de guerre. Elle stipule qu'ils doivent être nourris, vêtus et logés comme les gardiens ; ils ont le droit de garder leurs affaires personnelles, de pratiquer leur religion et de recevoir des soins médicaux. Les conditions de vie dans les camps n'en étaient pas moins dégradantes.

► Une boussole dans un bouton
Un bouton pouvait dissimuler une boussole, petite mais efficace. Une fois libre, le fugitif s'en servait pour s'orienter au milieu des lignes ennemies.

Aiguille de boussole

► La voie des airs
La construction de ce planeur dans le grenier du château de Colditz, en Allemagne, fut assurément l'un des plans d'évasion les plus ingénieux. Colditz était un camp disciplinaire pour les officiers alliés qui avaient déjà tenté de s'échapper d'autres camps. Sur les 1 500 prisonniers incarcérés dans ce lieu, 176 tentèrent de s'évader, mais 31 seulement y parvinrent.

► Des systèmes astucieux
Des lames étaient clouées sous les talons en fer des bottes des prisonniers ou fixées sur les tranches des pièces de monnaie ; si les gardes confisquaient les billets, les prisonniers pensaient pouvoir conserver au moins leur petite monnaie.

Lames pivotantes

Clou fixant la lame au talon

▼ Des bottes de camouflage
Les pilotes britanniques de la RAF portaient des bottes qui, une fois coupées, pouvaient être transformées en chaussures de ville. Ainsi il leur était facile de se mêler à la population civile, s'ils devaient se poser en territoire ennemi, et d'éviter d'être identifiés et capturés.

Rabot et scie bricolés

◄ Tout pour s'évader
Les prisonniers de Colditz et d'autres camps se servaient de tout le matériel à leur disposition pour préparer leur évasion. Ces outils rudimentaires (à gauche), faits avec des montants de lit et des bouts de métal, furent utilisés à Colditz pour construire un planeur.

Botte d'aviateur

Chaussure découpée

Les colis de nourriture contenaient des produits introuvables dans les camps.

◀▶ Un plaisir trop rare

Conformément à la Convention de Genève, les prisonniers de guerre avaient le droit de recevoir des lettres et des colis contenant de la nourriture, des vêtements et des livres. Ces colis étaient acheminés par le biais de la Croix-Rouge, basée à Genève sur le territoire neutre de la Suisse. L'arrivée de ces colis était attendue avec impatience par les prisonniers heureux de recevoir des nouvelles de leur famille et de bonnes choses à manger.

Colis de nourriture de la Croix-Rouge

◀ Un long chemin

Ces prisonniers allemands furent capturés par les Alliés en Normandie en juin 1944. Transportés de l'autre côté de la Manche, ils durent marcher ensuite en rang jusqu'à un camp voisin. Les prisonniers de guerre parcouraient parfois plusieurs centaines de kilomètres pour arriver au camp. Les Italiens capturés en Afrique du Nord furent envoyés en Australie, en Afrique du Sud et en Inde, tandis que 50 000 autres partirent pour les États-Unis.

▲ La cohabitation avec l'ennemi

Une fois la paix revenue, tous les prisonniers ne rentrèrent pas immédiatement chez eux. Mais ils furent autorisés à avoir des contacts avec les habitants du pays. Parfois même, des histoires d'amour virent le jour. Ludwig Meier (deuxième à droite), un architecte allemand emprisonné en Écosse, épousa une Anglaise nommée Lucy Suppé en 1947. Il dut attendre encore un an avant d'être libéré.

▼ Heureux d'être en vie

En avril 1945, 9 000 soldats russes prisonniers des Allemands au *Stalag* 326 furent libérés par les Américains (ci-dessous). Hélas, 30 000 d'entre eux étaient déjà morts, victimes de mauvais traitements. Ils avaient dû marcher pendant des semaines du front de l'Est aux camps allemands et, une fois arrivés, ils avaient souffert de malnutrition.

La guerre des codes

Un code remplace les mots d'un message par des lettres, des chiffres ou des symboles. Le chiffrement est une forme de codage qui utilise une clé secrète pour brouiller encore plus le message codé. Durant la guerre, les Alliés et leurs ennemis de l'Axe eurent très souvent recours aux codes. Toutefois, le mécanisme des machines à encoder japonaise (Pourpre) et allemande (Enigma) fut percé à jour par les cryptographes américains, polonais et britanniques. D'importants renseignements militaires et diplomatiques tombèrent ainsi entre les mains des Alliés, leur offrant un avantage considérable sur l'ennemi.

Ampoules de rechange

Des fenêtres dans le couvercle montrent les lettres codées.

La position des rotors contrôle le codage de chaque lettre ; les rotors se déplacent après chaque lettre.

Clavier permettant de taper le message

Filtre pour la lumière

Klappe schließen

Le cylindre actionne quatre rotors alphabétiques.

Un tableau lumineux alphabétique affiche la lettre codée.

Les connexions sont changées quotidiennement.

▶ Grâce aux mathématiques

Le mathématicien anglais Alan Turing (1912-1954) compta parmi les plus brillants cerveaux employés par les services d'espionnage britanniques durant la guerre. Il joua un rôle clé dans le décodage d'Enigma et son travail conduisit au développement des ordinateurs modernes.

▲ Les premiers ordinateurs

Les scientifiques et les cryptographes du centre britannique de décodage de Bletchley Park mirent au point la « bombe » afin de décoder les premiers messages émis par la machine à encoder allemande appelée Enigma. En deux heures, la « bombe » pouvait tester toutes les combinaisons possibles des rotors d'Enigma. Quand celle-ci devint plus complexe, les Britanniques construisirent le « colosse », l'ancêtre des ordinateurs modernes.

◀ La machine à encoder et à décoder

La machine Enigma allemande fut inventée en 1923 pour coder les messages commerciaux secrets. Par la suite, elle fut perfectionnée et devint la principale machine d'encodage diplomatique et militaire utilisée par les Allemands durant la guerre. Enigma codait chaque lettre indépendamment grâce à une série de rotors alphabétiques disposés sur un cylindre dans un ordre aléatoire, ainsi qu'à un ensemble de fiches reliées à un tableau de raccordement de manière également aléatoire. Les connexions étaient modifiées chaque jour, offrant des millions de combinaisons possibles.

▲ Une bague secrète

Cavité secrète

Couvercle à vis

Des objets courants, telle cette bague, furent utilisés durant la guerre pour dissimuler des microfilms, c'est-à-dire de minuscules photographies d'un message codé – si petites qu'il faut un appareil grossissant pour les lire. Le message doit ensuite être agrandi à la taille normale pour être décodé.

Boris Hagelin fait la démonstration de son Converter M-209.

▶ De la réalité à la fiction

Un grand nombre de personnes ayant travaillé pour les services d'espionnage durant la guerre transposèrent leur expérience sous une forme romanesque. Ce fut le cas de Ian Fleming (1908-1964) qui travaillait pour la British Naval Intelligence.

Ian Fleming, créateur de l'espion de roman James Bond

◀ Le convertisseur

Au cours des années 1930, le cryptographe suédois Boris Hagelin (1892-1983) inventa le Converter M-209, principale machine de décryptage utilisée par les Américains durant la guerre. Plus de 140 000 de ces machines furent fabriquées pour l'armée américaine.

Couvercle en position ouverte

Boîte de connexion

Compartiment pour interrupteurs

Interrupteur

Fenêtre de lecture

▲ L'encodeur Krypha

Le Krypha, inventé en 1924, fonctionnait grâce à un rotor alphabétique mû par un ressort pour coder les messages. Chaque lettre était remplacée par une lettre différente chaque fois que cette lettre apparaissait dans un mot, rendant tout déchiffrage difficile. Les diplomates allemands utilisèrent le Krypha durant la guerre, sans savoir que les Américains en avaient déjà « cassé » le code.

Moteur à ressort

Disques indicateurs

Disques concentriques

▶ Machine à encoder Pourpre

La machine japonaise Pourpre utilisait un simple tableau de raccordement et des interrupteurs téléphoniques pour créer un appareil aussi complexe que l'Enigma des Allemands. Les services secrets américains « cassèrent » le code Pourpre en septembre 1940 en construisant une réplique de ce mécanisme.

Un navire américain touché par une bombe japonaise à Pearl Harbor

▶ Une information ignorée

Des communications diplomatiques envoyées par la machine à encoder japonaise Pourpre furent interceptées et décodées par les États-Unis. Le message évoquait une attaque japonaise à la fin de 1941, mais la cible visée, Pearl Harbor à Hawaii, n'était pas clairement identifiée. Néanmoins, les succès américains en matière de décryptage permirent aux États-Unis de vaincre la marine japonaise lors de la cruciale bataille de Midway en 1942.

Roman au format de poche
destiné aux troupes américaines

L'Amérique en guerre

Après le choc de Pearl Harbor, les États-Unis se retrouvèrent en guerre contre le Japon et l'Allemagne et ils mirent leur économie au service de l'armée. Le pays se lança dans la production à grande échelle de tous les types d'armes nécessaires pour combattre avec succès sur terre, sur mer et dans les airs. Le chômage disparut, les salaires doublèrent, le rationnement resta limité. Contrairement à tous les autres pays en guerre, les États-Unis connurent un boom économique.

▲ **La production de masse**
Les usines aéronautiques, comme cette chaîne de montage Boeing de Seattle, jouèrent un rôle capital dans la fabrication d'armes destinées à l'effort de guerre. Au total, les usines américaines produisirent plus de 250 000 avions, 90 000 chars, 350 destroyers et 200 sous-marins. En 1944, 40 % des armes produites dans le monde venaient des États-Unis.

▲ **Mitrailleuse Browning**
La mitrailleuse Browning 0,5 était l'arme défensive des bombardiers américains. La Forteresse volante Boeing B-17 transportait à son bord 13 mitrailleuses de ce type. Mais, même en formation serrée avec d'autres bombardiers, la Browning n'était généralement pas de taille à lutter contre les attaques des chasseurs allemands.

Parachute de guidage

Câble de parachute en acier

Quatre parachutes principaux pour assurer une descente en douceur

15e div. de l'US Air Force

9e div. de l'US Air Force

▲ **La guerre du feu**
Un Marine (fusilier marin) américain, le visage enduit d'une crème protectrice, utilise un lance-flammes au cours de la terrible bataille de Guadalcanal dans le Pacifique, en 1942. Les lance-flammes étaient souvent utilisés pour mettre le feu à des bâtiments ou détruire la végétation derrière laquelle se cachait l'ennemi.

US Strategic Air Forces

▲ **L'US Air Force**
Ces écussons sont ceux de différentes divisions de l'US Air Force. La 15e avait pour mission de bombarder les cibles allemandes à partir de bases installées dans le sud de l'Italie. La 9e soutenait les opérations alliées en Afrique du Nord et en Italie. Les 8e, 9e et 15e fusionnèrent par la suite pour former les US Strategic Air Forces en Europe.

Patin amortisseur pour protéger les roues au moment de l'atterrissage

Le Mustang possédait une autonomie de 3 347 km.

La vitesse maximale du Mustang était de 703 km/h.

Chaque Mustang avait un nom.

Réservoir largable

▶ Chasseur à long rayon d'action

Le Mustang P51 fut l'un des meilleurs chasseurs de la guerre. Les premières versions souffraient d'une altitude de croisière et d'une autonomie limitées. Mais, équipée d'un moteur plus performant, de réservoirs plus importants et d'un fuselage profilé, la quatrième version (P51 D) devint un magnifique chasseur. Il servait à escorter et à défendre les bombardiers lors de leurs missions lointaines vers l'Allemagne.

Mustang
P-51D américain

▲ Un moment de répit

Repos entre deux missions pour ces pilotes de Mustang P51 appartenant au 15e régiment d'Air Force basé dans le sud de l'Italie.

▲ Le B-24 Liberator

Venu du sud de l'Italie, ce B-24 Liberator vole à basse altitude pour bombarder les gisements pétrolifères de Ploesti dans le sud de la Roumanie. Le B-24 était un bombardier lourd capable d'aller exécuter des missions au fin fond de l'Europe occupée par les Allemands.

Support central auquel sont attachés les parachutes

Double mitrailleuse 303 Vickers

▼ Une Jeep parachutable

Si une Jeep de l'US Army ne pouvait arriver par terre à destination, on pouvait toujours la parachuter. Mise au point en 1940, la Jeep de l'armée américaine fut l'un des véhicules de guerre les plus appréciés et les plus enviés, car aucune autre armée ne possédait un pareil engin. Sa propulsion à quatre roues motrices la rendait performante sur presque tous les terrains.

Casque utilisé dans les tourelles et autres postes de combat trop exigus pour le port d'un casque traditionnel

Casque M4 des pilotes américains

La Jeep américaine pouvait transporter un chargement de 360 kg et tracter une arme antichar.

Ce gilet pesait 9 kg.

Béquille de soutien

Patin d'équilibrage

▲ Face à la DCA

Ce gilet renforcé était porté par les pilotes américains pour se protéger des éclats d'obus antiaériens. Ces gilets firent leur apparition en 1942. En 1944, la 8e division Air Force, chargée de bombarder les territoires occupés par les Allemands en Europe, en utilisa 13 500.

Les femmes dans la guerre

Avant la Seconde Guerre mondiale, le rôle de la femme était celui de mère au foyer. Mais, une fois les hommes partis au front, elles devinrent la principale source de main-d'œuvre pour les industries nationales. Elles purent assurer presque tous les métiers réservés jusqu'alors aux hommes : chauffeur de bus, aiguilleur et conducteur de train, mécanicien, employé de bureau, ouvrier de chantier naval ou encore ingénieur. Les femmes jouèrent également un rôle capital dans la Résistance et les opérations spéciales effectuées en territoire ennemi. Cette guerre n'aurait pu être menée et gagnée sans leur contribution. Après la guerre, l'attitude à leur égard dans le monde du travail et dans la société se modifia : en France, par exemple, elles obtinrent enfin le droit de vote.

► Les mères nazies

En Allemagne, des médailles étaient attribuées aux mères suivant le nombre de leurs enfants. Les nazis idéalisaient les femmes allemandes comme mères d'une nouvelle race supérieure. On les incitait à rester à la maison pour y élever leurs enfants.

Médaille d'argent (2e classe) accordée à une mère allemande de six ou sept enfants

Hilf siegen
als Luftnachrichtenhelferin

▲ De nouvelles recrues

Tandis que de plus en plus d'hommes étaient mobilisés pour aller se battre, des affiches incitaient les femmes à participer, elles aussi, aux combats. Cette image glorifie le rôle d'une auxiliaire de la *Luftwaffe*, l'armée de l'air allemande.

Femme participant à l'entretien d'un avion

◄ Les filles de la terre

Une des principales contributions des femmes à l'effort de guerre fut d'assumer les travaux agricoles afin d'assurer l'indispensable ravitaillement du pays en guerre. En Grande-Bretagne, la Women's Land Army recruta 87 000 femmes pour exécuter des tâches pénibles comme les labours et les moissons.

▲ Entretien des avions

Le manque de pilotes et de mécaniciens obligea un grand nombre de femmes à apprendre à piloter et à entretenir les avions. Elles acheminaient sur les terrains d'aviation les appareils qui sortaient des usines et jouèrent un rôle essentiel en préparant les avions entre chaque sortie au combat.

▲ Les confectionneuses de parachutes

Les couturières travaillaient sans relâche pour satisfaire la demande. Plusieurs milliers de parachutes étaient réclamés par les différents corps d'armée. Ils étaient utilisés par les pilotes de chasseurs et de bombardiers parfois obligés de s'éjecter de leurs appareils, et par les troupes aéroportées larguées au cœur de la bataille.

◀ Veille de nuit

Beaucoup de femmes furent appelées à manier, de nuit, les puissants projecteurs servant à traquer dans le ciel les bombardiers ennemis. Travailler pour la DCA (défense antiaérienne) était l'une de leurs tâches les plus dangereuses. Quand un avion était repéré, les batteries antiaériennes ouvraient le feu pour le détruire avant qu'il n'ait eu le temps de larguer ses bombes. Certaines femmes étaient affectées à l'entretien des canons antiaériens mais on ne les autorisait pas à s'en servir.

Cette femme balaie le ciel nocturne avec son projecteur pour repérer les avions ennemis.

◀ Sac à gaz

La crainte des attaques au gaz obligeait chaque personne à transporter en permanence un masque à gaz. Cet élégant sac à main possède un compartiment spécialement conçu pour y glisser un masque à gaz. Mais, le plus souvent, les gens transportaient leur masque dans des boîtes en carton, que les femmes recouvraient de tissu.

Compartiment pour le masque à gaz

▶ Des casseroles transformées en avion

A cause de la pénurie de fer, d'étain et d'aluminium, des affiches incitaient les femmes à donner leurs ustensiles de cuisine. Les vieilles casseroles et les poêles étaient fondues pour fabriquer des avions. Les grilles des parcs, les vieilles voitures et tous les débris de métal servaient à fabriquer des navires. Même les vieux vêtements de laine étaient détricotés, puis retricotés pour en faire des chaussettes et des écharpes destinées aux soldats.

Poêle à frire fabriquée à partir de l'épave d'un avion allemand

▼ Rosie la Riveteuse

Aux États-Unis, le personnage de Rosie la Riveteuse devint le symbole de la nouvelle femme qui travaille. L'industrie avait besoin des femmes pour remplacer les 16 millions d'hommes réquisitionnés. Nombre de tâches furent confiées aux femmes, comme fabriquer des bombes et des avions, des bateaux et des chars, conduire des trains et bien d'autres encore.

▶ La poêle volante

Les avions ennemis abattus étaient parfois recyclés ; ils finissaient alors sous forme de poêles ou tout autre ustensile ménager.

Turn this RAW MATERIAL into WAR MATERIAL!

FURTHER INFORMATION CAN BE OBTAINED FROM :-
THE DIRECTOR of PUBLIC CLEANSING.
· CITY of WESTMINSTER ·
31 CHARING CROSS ROAD, w. c. 2.

Rosie la Riveteuse peinte par Norman Rockwell pour le *Saturday Evening Post* en mai 1943

▲ Entraînement en cas d'attaque aérienne

En Inde, la crainte d'une invasion japonaise incita le gouvernement à prendre des mesures préventives. Ces femmes de Bombay s'entraînent à réagir en cas de raid aérien, d'autres à servir comme auxiliaires pour soutenir les troupes engagées en Extrême-Orient.

Les enfants dans la guerre

Dans le monde entier, les enfants de tous les pays engagés dans la guerre souffrirent autant des combats que leurs parents et grands-parents. Leurs maisons étaient bombardées ou incendiées, leurs pères étaient partis se battre ou bien étaient prisonniers et leurs mères allaient travailler en usine. Certains enfants d'Europe ou d'Asie orientale vivaient sous l'occupation de troupes étrangères ou en plein combat. D'autres vivaient dans la crainte d'une invasion. Mais les enfants juifs avaient encore plus de raisons d'avoir peur, car les armées allemandes les arrêtaient pour les éliminer en les envoyant vers la mort dans les camps de concentration. Pour les enfants de tous âges, quel que soit le camp auquel ils appartenaient, la guerre fut un drame qui les priva de leur enfance.

▲ Une enfance au Japon

À l'école, on enseignait aux enfants japonais que leur pays était supérieur aux autres et que leur devoir était de se battre pour l'empereur. Les exercices militaires devinrent obligatoires et les enfants les plus âgés durent s'engager dans des unités spéciales. À partir de 1944, les bombardiers alliés pilonnèrent les villes japonaises et plus de 450 000 enfants furent évacués à la campagne, obligés de quitter leurs parents condamnés à une mort quasi certaine.

Sangle pour fixer le masque derrière la tête

Protection pour les yeux

Filtre à air

Masque à gaz « Mickey »

◀ Les distractions pendant le *Blitz*

De nombreux jouets et jeux, comme ce jeu de cartes évoquant l'évacuation au moment des raids aériens allemands, virent le jour durant les années de guerre. Les cartes étaient un moyen très populaire en Angleterre pour tuer le temps pendant les longues heures passées dans les abris antiaériens.

Tous les enfants évacués portaient des étiquettes indiquant leur destination.

Ces enfants attendent d'être emmenés dans leur nouvelle famille à la campagne.

◀ Des masques amusants

Des masques colorés baptisés masques « Mickey » furent distribués aux jeunes enfants britanniques pour les amuser. Dans les écoles, on apprenait aux enfants à garder leurs masques avec eux en permanence et à les enfiler en cas d'urgence.

Chaque enfant évacué avait le droit d'emporter son jouet préféré.

◀ Évacués

Dans tous les pays, la guerre sépara un grand nombre d'enfants de leurs familles. Durant le *Blitz*, des milliers de jeunes Britanniques furent envoyés dans des familles d'accueil à la campagne, ou même à l'étranger. Si certains d'entre eux appréciaient leur nouvelle existence, beaucoup souffraient terriblement de cette séparation.

► **Jouets nazis**
La propagande
envahit tous les
aspects de la vie
en Allemagne.
Les jouets eux-
mêmes, à l'image
de ce soldat
de plomb nazi,
propageaient
la glorification de
la « race aryenne »
(cheveux blonds
et yeux bleus).
On enseignait aux
petits Allemands
qu'ils appartenaient
à la « race
des seigneurs ».

Très jeune partisan armé,
à Leningrad, en Russie, en 1943

► **Jouets en papier**
Durant la guerre, les jouets
étaient rares dans toute l'Europe
car les matières premières
servaient avant tout à
fabriquer des armes
et des machines. Les
enfants devaient donc
se contenter de jouets
très simples en carton,
en papier ou
en liège.

◄ **Pour la mère patrie**
Quand l'armée allemande
envahit la Russie en 1941, de
nombreux enfants se retrouvèrent
brutalement orphelins et sans-
abri dans le territoire occupé
par l'Allemagne. Certains jeunes
rejoignirent alors les groupes
de partisans pour combattre
l'occupant. Des enfants âgés de
10 ans seulement tinrent leur rôle
en transportant des messages ou
des vivres, et participèrent aussi
à des embuscades et à des actes
de sabotage.

▲ **Vivre caché**
Comme tous les enfants juifs d'Europe, Anne Frank
(1929-1945) vivait dans la terreur d'être un jour arrêtée par
les nazis. Pendant deux ans, elle se cacha avec sa famille dans
un grenier en Hollande. Anne tint son journal dans lequel elle
nota le déroulement de ses journées ainsi que ses espoirs.
En août 1944, sa famille et elle furent dénoncées et envoyées
au camp de Bergen-Belsen où Anne mourut du typhus.

*Animaux
en papier*

Défilé des Jeunesses hitlériennes en 1933

*Carte de membre des
Jeunesses hitlériennes*

▼ **De jeunes nazis**
Les Jeunesses hitlériennes virent le
jour en 1926, en tant que section
des jeunes garçons du parti nazi
(les filles adhéraient à la Ligue
des filles allemandes). Ses
membres portaient un uniforme,
participaient à des défilés et à des
camps d'été. En 1943, tous les
garçons qui avaient au moins
16 ans furent mobilisés.

▲ **Obligés de suivre Hitler**
Au début, l'adhésion aux Jeunesses
hitlériennes était un acte volontaire. Mais,
en 1936, les autres organisations de
jeunesse allemandes
furent dissoutes et
tous les enfants
âgés de 10 à
18 ans se
retrouvèrent
enrôlés.

La bataille du Pacifique

Après leur attaque surprise sur Pearl Harbor en décembre 1941, les Japonais envahirent tout le Sud-Est asiatique et les îles du Pacifique. En mai 1942, ils avaient pris possession de la Birmanie, des Indes néerlandaises (l'Indonésie), de Singapour, des Philippines, avançant à travers le Pacifique vers l'Australie au sud et les États-Unis à l'est. Leur but était de bâtir un gigantesque empire économique fournisseur de pétrole et de matières premières nécessaires à la construction de leur puissance militaire et à la poursuite de la guerre.

Le Japon semblait invincible, mais deux importantes défaites navales face aux États-Unis – dans la mer de Corail en mai 1942 et aux îles Midway en juin de la même année – mirent fin à leur progression.

Au cours de ces combats difficiles, les deux camps subirent de très lourdes pertes.

▲ Drapeau de prière japonais
Chaque soldat japonais emportait avec lui au combat un drapeau de prière. Ses amis et parents inscrivaient des prières et des bénédictions sur le fond blanc du drapeau national. Ils n'écrivaient jamais sur le soleil, considéré comme sacré. Certains soldats portaient ce drapeau noué autour de leur tête, d'autres le glissaient dans une poche.

Les bombardiers Douglas Devastator se préparent à décoller

▶ Porte-avions
Ces bombardiers Douglas Devastator s'apprêtent à décoller du pont de l'USS *Enterprise* durant la bataille de Midway. Les Devastator étaient de vieux avions, lents, utilisés par les Américains à bord des porte-avions. Ils ne pouvaient rivaliser avec les très rapides chasseurs Mitsubishi A6M Zéro des Japonais, qui détruisirent tous les bombardiers de l'*Enterprise*, sauf quatre. Malgré tout, à la fin, les Japonais subirent une lourde défaite à Midway.

▼ La mer de Corail
L'épave d'un avion japonais flotte dans la mer de Corail (au nord-est de l'Australie). Les Japonais voulaient installer des bases sur des îles pour faciliter les attaques aériennes sur l'Australie. La flotte américaine arrêta leur avance vers le sud en mai 1942. Le combat de la mer de Corail fut la première bataille navale menée entièrement par des avions, décollant de porte-avions, sans l'intervention des flottes.

Un appareil japonais détruit flotte sur la mer après avoir été abattu en plein vol.

▲ Le combat pour l'île de Guadalcanal

Sur cette photo, le porte-avions américain *Hornet* subit le tir nourri de l'aviation japonaise au cours de la bataille de Santa Cruz en octobre 1942. Cet épisode fut l'une des nombreuses batailles navales qui se déroulèrent autour de Guadalcanal (une des îles Salomon à l'est de la Nouvelle-Guinée) entre les Américains et les Japonais désireux de s'emparer de cette base stratégique. Les Américains parvinrent finalement à chasser les Japonais de l'île en février 1943, mais la férocité de la résistance nippone montrait jusqu'où les Japonais étaient prêts à aller pour défendre les territoires nouvellement conquis.

▲ Missions suicides

Alors que la bataille des Philippines faisait rage en octobre 1944 et tournait en leur défaveur, les Japonais eurent recours à une nouvelle arme redoutable. Une unité de pilotes de bombardiers volontaires, baptisés kamikazes, lançaient leurs avions chargés d'explosifs sur les navires américains pour les faire sauter. L'armée japonaise ne manquait pas de kamikazes : 700 attaquèrent la flotte américaine à Okinawa le 6 avril 1945.

Echelle indiquant les degrés au nord et au sud de l'équateur

▼ Sextant japonais

Le sextant est essentiel pour naviguer dans l'immensité de l'océan Pacifique. Troisième au monde, après les États-Unis et la Grande-Bretagne, la marine japonaise possédait 10 porte-avions, 12 bâtiments de guerre géants, 36 croiseurs, plus de 100 destroyers et une puissante force aéronavale.

Oculaire réglable

Sextant japonais permettant de calculer la latitude

Miroir d'horizon

Ce pilote kamikaze noue un hachimaki autour de sa tête.

▶ Masque volant

Les pilotes japonais portaient des masques en cuir pour se protéger le visage en vol. Ces masques leur donnaient une apparence terrifiante qui s'ajoutait à leur réputation de redoutables guerriers. Très peu d'entre eux furent capturés vivants par les Alliés, car la plupart préférèrent se suicider plutôt que de se rendre.

▶ Pilote kamikaze

Les pilotes japonais se portaient volontaires pour des vols kamikazes, sachant qu'ils volaient vers une mort certaine. Le mot kamikaze signifie « vent divin » et fait référence aux vents qui empêchèrent les Mongols de débarquer au Japon au XIIIe siècle. Certains pilotes s'inspiraient de la tradition militaire japonaise du sacrifice. Ils avaient autour du front le traditionnel *hachimaki* des valeureux guerriers samouraïs du Japon ancestral.

Japon en guerre

Mitraillette australienne

Durant tout le conflit, l'Empire japonais lutta

Étendard naval et militaire japonais

simultanément sur trois fronts. Au nord, il combattait l'armée chinoise qui tentait de le chasser du continent. Au sud et à l'est, il faisait face aux forces américaines, australiennes et néo-zélandaises qui sautaient d'île en île dans le Pacifique pour repousser ses forces et établir des bases aériennes et navales toujours plus proches de son cœur. Enfin, au sud-ouest, il livrait une « guerre oubliée » dans la jungle birmane. Là-bas, l'armée britannique et les Chindits (une unité de combat mixte, britannique et birmane), dirigés par le général de division Orde Wingate, combattaient l'envahisseur japonais. Sur tous ces champs de bataille, de nombreux soldats japonais combattirent avec pugnacité, jusqu'à la mort.

Un soldat japonais tient le drapeau, symbole du Soleil levant.

◄ Le poids de l'Australie

Les forces australiennes participèrent très activement à la guerre contre le Japon. Il est vrai que leur pays était directement menacé par l'expansion japonaise dans le Sud-Est asiatique. L'Australie joua un rôle capital en empêchant les Japonais d'occuper la Papouasie-Nouvelle-Guinée en 1942 et elle combattit aux côtés des forces américaines pour libérer la Nouvelle-Guinée et d'autres îles.

▲ Ration de 24 heures

Les soldats britanniques qui combattaient dans le Pacifique et le Sud-Est asiatique recevaient des packs de nourriture comme celui-ci. Si les aliments n'étaient guère appétissants, cette ration fournissait à chaque soldat un apport nutritif suffisant pour une journée.

▲ Des combattants fanatiques

Plus de 1 700 000 soldats japonais obéirent au code du soldat de 1942. Inspiré de l'ancien code Bushido (guerrier) des samouraïs, il stipulait que les soldats devaient être totalement dévoués à leur empereur et que le devoir leur imposait de mourir plutôt que de subir la honte d'une capture. Par conséquent, les soldats japonais étaient souvent des combattants fanatiques, prêts à tout pour la victoire.

▶ La libération de la Birmanie

La bataille décisive pour la Birmanie se déroula sur la route reliant les villes de Kohima et d'Imphal, situées l'une et l'autre en Inde, de l'autre côté de la frontière. Les Britanniques avaient installé leur base à Imphal pour se regrouper et se réarmer, après avoir été expulsés de Birmanie par les Japonais en mai 1942. Les Japonais décidèrent d'attaquer les premiers et envahirent l'Inde en mars 1944. Les troupes britanniques et indiennes (à droite) ripostèrent et vainquirent une force composée de 80 000 Japonais. Cette victoire ouvrit la voie de la libération de la Birmanie, achevée en mai 1945.

Téléphone de campagne de l'armée américaine

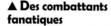

▲ Moyens de communication portables

Les téléphones de campagne étaient utilisés par les soldats alliés et japonais pour garder le contact avec leurs commandements et le reste de leur unité. La progression rapide des Japonais dans le Sud-Est asiatique et le Pacifique obligeait les troupes à posséder des moyens de communication efficaces pour informer le quartier général de leur avancée et de la position de l'ennemi.

▶ Le train Thaïlande-Birmanie

Entre 1942 et 1943, les Japonais utilisèrent des véhicules diesel capables de se déplacer aussi bien sur la route que sur des rails. Grâce à cela, ils construisirent une voie ferrée entre la Thaïlande et la Birmanie récemment conquise. Ils avaient l'intention de s'en servir pour acheminer rapidement des troupes et des vivres à travers leur immense conquête du Sud-Est asiatique.

▲ Presque morts de faim

Ces Néerlandais libérés d'un camp japonais de prisonniers de guerre en Indonésie, en 1945, furent parmi les plus chanceux. Environ un quart des 103 000 soldats australiens, américains, britanniques et néerlandais capturés par les Japonais étaient morts dans les camps en 1944. Parmi ceux-là, 12 000 avaient travaillé à la construction du train Thaïlande-Birmanie. Les prisonniers asiatiques souffrirent bien plus encore : au moins 100 000 hommes moururent, uniquement en construisant cette voie ferrée.

▲ Attaque de pont

Le train Thaïlande-Birmanie long de 415 km traversait la jungle et des montagnes et longeait la rivière Kwaï Noï. Les ponts, comme celui-ci, étaient construits par les prisonniers de guerre. Les avions britanniques, basés en Inde, bombardaient régulièrement ces ponts dans l'espoir de détruire la voie ferrée et d'arrêter les Japonais.

Lunettes et peigne fabriqués artisanalement dans un camp de prisonniers japonais

▲ Capturés par les Japonais

Les prisonniers de guerre des Japonais devaient fabriquer eux-mêmes leurs objets de toilette, car leurs geôliers n'avaient aucun respect pour eux. Ils n'hésitaient pas à les tuer à la tâche en leur faisant construire des voies ferrées, des routes et des ponts.

Ce monument américain montre les Marines plantant leur drapeau sur le mont Suribachi à Iwo Jima.

◀ Le drapeau planté sur Iwo Jima

En février 1945, les Marines américains envahirent Iwo Jima, une minuscule île située au sud du Japon. Les Japonais défendirent cette position jusqu'au bout. Sur les 21 000 soldats japonais qui la défendaient, 216 seulement furent faits prisonniers. Tous les autres moururent au combat. Après avoir subi d'importantes pertes à Iwo Jima et à Okinawa, les Américains décidèrent de bombarder les principales villes du Japon, puis finalement de larguer deux bombes atomiques sur Hiroshima et Nagasaki.

La bataille de l'Atlantique

Durant toute la guerre, une bataille féroce opposa les Alliés et les Allemands dans l'océan Atlantique. Les marins alliés, qui bravaient les éléments pour rapporter dans les ports britanniques des marchandises vitales des États-Unis, étaient attaqués par les U-Boots (sous-marins) et les destroyers allemands. Si la marine allemande était peu importante comparée à celle des Alliés, ses sous-marins pouvaient causer d'énormes dégâts. Au début de 1941, les U-Boots coulèrent 2 millions de tonnes de bâtiments alliés et plus de 5,4 millions de tonnes en 1942. Toutefois, l'utilisation par les Alliés des convois avec patrouilles aériennes, la rapidité des bâtiments anti-sous-marins et le recours à des radars perfectionnés rendirent les U-Boots de plus en plus vulnérables. En 1943, les Allemands perdirent 95 submersibles en seulement trois mois. Le rapport des forces s'inversa en faveur des Alliés et leurs bateaux purent à nouveau traverser l'Atlantique sans danger.

"every available piece of land must be cultivated

GROW YOUR OWN FOOD
supply your own cookhouse

▲ Cultiver la victoire
Les importations alimentaires en provenance d'outre-Atlantique étaient sérieusement perturbées par la guerre. Afin d'assurer ses besoins en fruits et légumes, la Grande-Bretagne lança une campagne baptisée « Planter pour la victoire » dans le but d'inciter la population à faire pousser le maximum de produits comestibles. Chaque parcelle de terre fertile fut ainsi transformée en potager.

Périscope

Sas étanche entre le sous-marin et l'extérieur

Le Bismarck était équipé de 88 canons, dont 20 à longue portée et 68 antiaériens.

Gouvernail principal

Siège du timonier

Armature du siège du premier lieutenant

◀ À l'intérieur d'un sous-marin de poche
Le sous-marin de poche britannique X-craft, piloté par un équipage de quatre hommes, accomplit un grand nombre de missions spéciales durant la bataille de l'Atlantique. A l'aide de charges explosives, il attaqua et mit hors d'état le bâtiment allemand Tirpitz au large des côtes de Norvège en septembre 1943. Le Tirpitz représentait une énorme menace pour les navires alliés qui faisaient route entre la Grande-Bretagne et la Russie.

Réservoir d'eau distillée

Caillebotis en bois

Indicateur de vitesse (loch)

Emplacement pour bouteille d'oxygène

Réservoir d'eau fraîche

▲ Couler le « Bismarck »
Un des plus gros bâtiments de la marine allemande était le Bismarck, que les Allemands prétendaient insubmersible. Il fut mis à l'eau à Gdynia dans la Baltique le 18 mai 1941. Après avoir décrit une large boucle au nord de l'Islande, il coula le navire britannique HMS Hood, avant d'être rattrapé et détruit par la flotte britannique le 27 mai. Sur les 2 222 membres d'équipage que comptait le Bismarck, 115 seulement survécurent.

Périscope

▼ Le « Biber »
Armés de deux torpilles, les sous-marins allemands Biber opéraient au large des côtes du nord de la France et des Pays-Bas, entre 1944 et 1945. Ils causèrent des pertes considérables parmi les cargos alliés qui ravitaillaient les troupes du débarquement en Europe de l'Ouest.

Hublot d'observation

Œillet de remorquage

Ogive

« On porta tous la main à notre casquette, on jeta un regard au drapeau et on sauta par-dessus bord... Dans l'eau, on se retrouva projetés les uns contre les autres, ballottés comme des bouchons de liège. »

LIEUTENANT BURKHARD VON MULLENHEIM-RECHBERG
SURVIVANT DU BISMARCK

◄ Périscope sorti

Quand un sous-marin rôdait juste sous la surface, son équipage utilisait le périscope pour observer la progression des convois alliés. Dans cette position relativement protégée, ils pouvaient choisir les cibles de leurs canons et de leurs torpilles meurtrières. Mais, dès qu'ils faisaient surface, les U-Boots étaient aisément détectables et un grand nombre d'entre eux furent détruits par les avions alliés.

Un officier sous-marinier se sert d'un périscope pour localiser les navires ennemis.

Ce bâtiment mesurait 251 m de long.

Ce canon pointé est prêt à faire feu sur les navires et les sous-marins ennemis.

▲ Sous le feu ennemi

Seuls 30 hommes de l'équipage de ce sous-marin allemand survécurent à l'attaque d'un bâtiment de la marine américaine. Sous l'eau, les sous-marins étaient vulnérables aux grenades sous-marines larguées des navires ou des avions alliés. En surface, ils s'exposaient aux bombes, aux torpilles ou aux obus ; et dans les eaux peu profondes, les mines représentaient un danger supplémentaire. Sur les 39 000 sous-mariniers allemands, seuls 11 000 survécurent à la guerre.

Un marin à bord d'un bâtiment de guerre accompagnant un convoi dans l'Atlantique guette la présence d'avions ennemis.

Torpille

Gouvernail

Hélice

▲ Convoi dans l'Atlantique

Les navires marchands qui traversaient isolément l'Atlantique Nord s'exposaient aux attaques des sous-marins allemands toujours aux aguets. Voilà pourquoi ils naviguaient en convois, protégés par des bâtiments de guerre et, quand cela était possible, par une couverture aérienne. Cependant, de tels convois se déplaçaient à la vitesse du navire le plus lent et la traversée de l'Atlantique Nord constituait un exercice périlleux au cours duquel de nombreux marins perdirent la vie.

La route de Stalingrad

Insigne de pilote de char allemand, en bronze

L'armée allemande commença à envahir l'Union soviétique en 1941. Elle avança simultanément dans trois directions : vers Leningrad au nord, vers Moscou à l'est et vers les champs de blé et les puits de pétrole d'Ukraine et du Caucase au sud. Pour vaincre dans le Sud, les Allemands devaient s'emparer de la ville de Stalingrad, située au bord de la Volga. Cette ville revêtait une importance capitale aux yeux de Hitler, car elle portait le nom du dirigeant de l'Union soviétique Staline. Pour des raisons identiques, Staline était bien décidé à conserver cette ville. La bataille de Stalingrad fut acharnée et provoqua de lourdes pertes dans les deux camps. Finalement, l'anéantissement de l'agresseur allemand et sa reddition marquèrent un tournant dans la guerre. L'armée allemande n'était plus invincible.

▲ Dans la neige

Le principal ennemi auquel se trouvèrent confrontés les Allemands en envahissant l'Union soviétique ne fut pas l'Armée rouge, mais l'hiver russe, le fameux « général » hiver. Parce qu'ils comptaient sur une victoire rapide, ils n'étaient pas équipés pour affronter des températures inférieures à zéro. Les Russes, eux, étaient dans leur élément, avec leurs combinaisons de camouflage blanches, leurs sous-vêtements molletonnés, leurs toques en fourrure et leurs bottes en feutre.

▶ Tireurs d'élite

Les armes antichar étaient peu maniables et pas toujours efficaces contre les épais blindages des chars. Mais les chars avaient des points faibles et une seule balle réussissait parfois à les mettre hors d'état.

Détente

Viseur protégé

Chargeur de munitions

Fusil antichar soviétique

Poignée

Crosse

▲ Grenades à main

Les Soviétiques utilisèrent des grenades à main pour empêcher l'ennemi de pénétrer dans Stalingrad. Les soldats blessés étaient parfois obligés de dégoupiller les grenades avec leurs dents avant de les lancer.

◀ Modèle standard

Le pistolet semi-automatique Tokarev TT33 7,62 mm était le modèle standard des officiers, des pilotes d'avion et de char soviétiques. Ainsi, si un char se trouvait immobilisé, l'équipage pouvait se défendre.

▼ La bataille de Stalingrad

Elle débuta en août 1942. La VIe Armée allemande attaqua la ville par l'ouest et repoussa les défenseurs vers une étroite bande de maisons et d'usines le long de la Volga. Les Soviétiques contre-attaquèrent le 19 novembre et, rapidement, ils encerclèrent la VIe Armée. Les Allemands tentèrent alors de venir au secours des leurs encerclés, en vain. La VIe Armée allemande se rendit le 2 février 1943.

▲ À bout portant

Allemands et Soviétiques s'affrontèrent pour s'emparer de chaque immeuble de Stalingrad, occupant parfois des étages différents à l'intérieur d'un même bâtiment. Il y eut de nombreux combats au corps à corps et quiconque se montrait à découvert courait le risque d'être abattu par un tireur embusqué.

◀ La cavalerie de l'Armée rouge

L'infanterie de l'Armée rouge était soutenue par des unités de cavalerie capables de se rendre rapidement sur le front. Pour tirer les pièces d'artillerie et les chariots chargés de vivres, elles utilisaient des chevaux, qui étaient peu utiles l'hiver car ils s'embourbaient dans la boue ou la neige.

Les cavaliers de l'Armée rouge chargent dans la neige, sabre au clair.

▶ Les pertes

Environ 91 000 soldats allemands furent encerclés et faits prisonniers à la fin de la bataille de Stalingrad. Le nombre de victimes était effrayant. Chacun des deux camps perdit quelque 500 000 hommes. On estime que 2 millions de civils moururent également. 9 796 habitants de Stalingrad seulement survécurent à cette effroyable bataille.

Les soldats allemands souffrirent du terrible hiver russe.

▼ Le roi des chars

Le char soviétique T-34, conçu en 1939, constituait le pilier de l'Armée rouge. 39 698 exemplaires du T-34 furent construits entre 1941 et 1945. Il transportait un équipage de quatre personnes : un commandant, un tireur, un chargeur et un pilote, rassemblés dans un habitacle exigu. Doté d'une vitesse maximale de 55 km/h sur route (40 km/h en tout-terrain), il pouvait parcourir jusqu'à 350 km sans faire le plein. Les chars allemands, moins rapides et dotés d'une moindre autonomie, rivalisaient difficilement avec lui.

Après 1943, le T-34 fut doté d'un canon de 85 mm.

Bottes en paille portées par des soldats allemands en Union soviétique

Canon monté sur une tourelle pivotante

Poids total : 32 514 kg

Le moteur diesel du T-34 fonctionnait même par grand froid.

▲ Les gelures

Les soldats allemands envoyés sur le front de l'Est fabriquèrent des bottes avec de la paille pour tenter, vainement, d'isoler leurs pieds du froid glacial. Un grand nombre d'entre eux souffrirent de gelures durant les terribles hivers. Leurs uniformes étaient inadaptés ; leurs bottes étaient trop serrées pour leur permettre d'enfiler plusieurs paires de chaussettes et trop poreuses pour les protéger du froid et de l'humidité.

Les larges chenilles permettaient d'avancer sur un terrain boueux et accidenté.

L'Union soviétique en guerre

En 1941, l'armée allemande attaqua l'URSS et arriva rapidement aux portes de Moscou. Mal préparée militairement, l'Union soviétique se retrouvait dans une position difficile. Elle réagit vite en démontant et transportant à l'est des montagnes de l'Oural 1 500 usines nécessaires à son armement. De leur côté, les Allemands utilisèrent comme esclaves des millions de Russes. Au total, 20 millions de Soviétiques, civils ou militaires, furent victimes de la guerre. Pour donner du courage à la population, le régime donna à ce conflit le nom officiel de Grande Guerre patriotique. Par ailleurs, les peuples du Caucase, qui rêvaient d'indépendance, tentèrent alors de s'émanciper des Russes. En 1944, Staline les punit en les déportant en Asie centrale et en Sibérie. Beaucoup périrent.

▲ Les combattants de la Résistance

Des affiches incitaient les Soviétiques vivant dans des territoires occupés par les Allemands à rejoindre les partisans et à « frapper l'ennemi sans merci ». Des groupes de partisans cachés dans les forêts tendaient des embuscades aux convois allemands et attaquaient les postes de commandement ou les lignes de communication.

Les habitants de Leningrad abandonnent leurs maisons détruites par les bombes nazies.

Étoile rouge

Drapeau rouge

▲ Les médailles de l'Armée rouge

Les principales décorations décernées aux soldats soviétiques étaient la médaille de Héros de l'Union soviétique et les ordres du Drapeau rouge ou de l'Étoile rouge. Staline créa en plus les Ordres de Koutouzov et de Souvorov, du nom des maréchaux russes qui, au XVIIIe siècle, repoussèrent l'invasion des Polonais, des Turcs et de la France napoléonienne.

▲ De l'eau, partout de l'eau...

Au cours de l'hiver 1941, la température à Leningrad chuta jusqu'à – 40 °C. La nourriture vint à manquer et les vivres gelèrent. Les gens devaient faire fondre de la glace. Un habitant se souvient : « On ne pouvait pas se laver, car on avait juste assez de force pour aller chercher de l'eau pour boire. »

◄ Le siège de Leningrad

Le plus long siège de la guerre fut celui de Leningrad. Les troupes allemandes, soutenues par les Finlandais, encerclèrent la ville en septembre 1941. La Finlande venait de se ranger du côté des Allemands pour se venger de la défaite que les Soviétiques leur avaient infligée l'année précédente. Les Allemands lâchèrent plus de 100 000 bombes et 200 000 obus sur Leningrad, mais, malgré 200 000 habitants tués, la ville tint bon. Le siège fut finalement brisé par l'Armée rouge en janvier 1944, au bout de 890 jours !

▲ Nourrir la ville

Durant le siège de Leningrad, les plus grandes menaces pour les habitants furent le froid et la faim. Chaque parcelle de terre fut utilisée pour cultiver des aliments tels que des choux ou des pommes de terre, mais le rationnement demeura draconien pendant tout le siège. Au total, plus de 600 000 civils périrent de faim et de froid.

Récolte des choux dans le jardin d'une cathédrale à Leningrad

La station de métro Maïakovski de Moscou sert d'abri antiaérien.

▲ L'attaque de Moscou

En octobre 1941, alors que les troupes allemandes assiégeaient la ville de Moscou, de nombreux civils se réfugièrent dans le métro. D'autres tentèrent de fuir. Mais les Allemands, à court de vivres, ne purent affronter le redoutable hiver soviétique. En décembre 1941, les Russes contre-attaquèrent et les Allemands battirent en retraite. La capitale soviétique était sauvée.

Cette affiche de 1942 incitait les Soviétiques à « suivre l'exemple de ce travailleur et à produire davantage pour le front ».

▼ Les tireurs d'élite

Parmi les héros de la guerre figurent les tireurs d'élite de l'Armée rouge, soldats isolés, chargés d'abattre le maximum de soldats ennemis. Les exploits des tireurs d'élite de Leningrad furent légendaires. Quand l'un d'eux tuait 40 soldats, il recevait le titre de « noble tireur d'élite ».

Fusil Mosin-Nagant de tireur d'élite soviétique

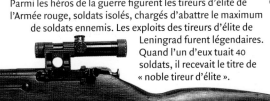

Protection en bois

Viseur

▲ Produire plus !

Contrairement à ce que suggère cette image d'un ouvrier robuste, plus de la moitié de la main-d'œuvre soviétique était composée de femmes à la fin de la guerre. Les civils soviétiques jouèrent un rôle considérable dans la défaite de Hitler. Ils travaillaient avec acharnement dans les usines pour augmenter la production d'armement et de matériel de guerre indispensable à la contre-attaque générale de l'Armée rouge.

▶ Le cocktail Molotov

Durant la guerre russo-finlandaise (1939-1940), les troupes finlandaises lançaient des bombes artisanales sur les chars russes. Ils les avaient baptisées cocktails Molotov du nom du ministre des Affaires étrangères soviétique qu'ils jugeaient responsable de cette guerre.

▲ La guerre russo-finlandaise

Après que l'Allemagne eut envahi la Pologne en 1939, l'Union soviétique essaya de renforcer sa frontière occidentale. En novembre 1939, l'armée soviétique envahit la Finlande, sa voisine de l'ouest, qui fut contrainte en mars 1940 de signer un traité de paix et d'abandonner une partie de son territoire. Les Soviétiques perdirent plus de 200 000 soldats et les Finlandais 25 000, chiffres révélant la faiblesse de l'Armée rouge au début de la guerre.

Fusil antichar finlandais : Lathi L39 20 mm

Repose-joue en bois

Protection en caoutchouc contre le recul de l'arme

Les combats dans le désert

En juin 1940, l'Italie entra en guerre aux côtés de l'Allemagne. En septembre, elle envahit l'Égypte depuis sa colonie de Libye mais quelques mois suffirent à l'armée britannique pour écraser les Italiens et faire plus de 130 000 prisonniers. Inquiète de l'effondrement de son alliée, l'Allemagne envoya des troupes en Afrique du Nord en février 1941. Pendant presque deux ans, la bataille fit rage dans le désert, jusqu'à ce que la VIIIᵉ Armée britannique remportât une écrasante victoire sur l'Afrikakorps à El-Alamein en novembre 1942.

Le même mois, les troupes américaines et britanniques débarquèrent en Algérie et au Maroc et encerclèrent les Allemands qui battaient en retraite vers l'ouest. En mai 1943, l'Afrikakorps et les Italiens durent se rendre. Les Alliés pouvaient alors concentrer leurs efforts sur l'Europe.

◀ **Le rusé renard du désert**
Le maréchal Erwin Rommel (1891-1944), à l'extrême gauche, commandant des troupes allemandes de l'Afrikakorps, était surnommé « le Renard du désert ». Il était capable d'évaluer très vite une situation et de « flairer » les points faibles de ses ennemis. Les Anglais eux-mêmes le respectaient, car il avait la réputation de traiter dignement ses prisonniers. Rommel fut contraint au suicide en 1944 après avoir été impliqué dans un complot visant à assassiner Hitler.

▲ **La bataille de Tobrouk**
Le port méditerranéen de Tobrouk, dans l'est de la Libye, fut le théâtre de quelques-unes des batailles les plus âpres de la guerre du désert. La ville fut d'abord prise par les Italiens, puis reprise par les Britanniques au début de l'année 1941. Un peu plus tard au cours de la même année, elle fut assiégée par les Allemands, qui en prirent le contrôle en juin 1942. Les Britanniques la reprirent de nouveau après la bataille d'El-Alamein en novembre de la même année.

Les troupes britanniques avancent dans le sable à El-Alamein.

Mine antichar allemande

Détecteur de mines britannique

▲ **La bataille d'El-Alamein**
En octobre, l'Afrikakorps avait atteint El-Alamein, importante ville côtière qui était la porte sur l'Égypte et le canal de Suez, qui relie la Méditerranée à la mer Rouge. C'est là que l'Afrikakorps se heurta à la VIIIᵉ Armée britannique, qui l'emporta finalement après une épuisante bataille de douze jours impliquant l'infanterie, les chars et l'artillerie. Cette victoire, premier grand succès terrestre de la Grande-Bretagne sur l'Allemagne, marqua un tournant dans la guerre.

▲ **Alerte aux mines**
D'immenses champs de mines, installées par les deux camps, entouraient El-Alamein. Les mines causèrent un grand nombre de victimes dans les colonnes d'infanterie qui tentèrent de progresser malgré tout. Si la plupart de ces mines ont explosé durant la guerre et après, il en reste encore une grande quantité enfouie sous le sable du désert.

▲ Aux aguets en Libye

L'Afrikakorps fut créé par les Allemands en 1941 pour soutenir les Italiens en Afrique du Nord. Ici, un soldat de cette unité utilise des jumelles « oreilles d'âne » pour surveiller l'ennemi. Bien que brillamment commandé par Rommel, l'Afrikakorps était dépendant des convois de renforts et de vivres envoyés à travers la Méditerranée et régulièrement attaqués par les Britanniques.

▲ Le débarquement en Sicile

Les troupes alliées débarquent des véhicules, des vivres et du matériel après avoir envahi la Sicile en juillet 1943. La défaite allemande en Afrique du Nord avait ouvert les portes de l'Europe aux Alliés, mais ceux-ci ne s'estimaient pas suffisamment forts pour mener une attaque directe contre les forces allemandes. A la place, ils décidèrent d'envahir l'Italie, dans l'espoir de la contraindre à abandonner la guerre.

▶ L'aide du Commonwealth

Certains soldats néo-zélandais et d'autres unités spéciales combattant en Afrique du Nord portaient des coiffes dans le style arabe pour affronter les fortes chaleurs. La VIIIe Armée britannique fut rejointe par des unités néo-zélandaises, dont un bataillon de Maoris, qui se fit remarquer au combat en Afrique du Nord et en Italie.

▲ Les Rats à la rescousse

La VIIIe Armée britannique en Afrique du Nord était conduite par le maréchal Montgomery (1887-1976), représenté ci-dessus. Son sens du détail et son souci du moral des troupes conduisirent son armée à la victoire à El-Alamein. Les soldats de la 7e Division blindée étaient surnommés « les Rats du désert ».

6 hommes assuraient le fonctionnement du char.

Ce turban protégeait du sable et du soleil.

Camouflage aux couleurs du désert

▲ Le tank de Monty

Le maréchal Montgomery avait son propre char, un Grant M3A3 américain. Il s'en servit pour effectuer des reconnaissances sur les champs de bataille d'Afrique du Nord, puis lors de l'invasion de la Sicile et de l'Italie. Des chars similaires jouèrent un rôle capital dans la victoire sur l'armée de Rommel.

Sur le front de la propagande

La guerre se déroula autant sur le terrain de la propagande que sur les champs de bataille, car les Alliés comme les forces de l'Axe avaient besoin de convaincre leurs propres peuples que cette guerre était juste et que leur camp l'emporterait. La frontière entre propagande et vérité était extrêmement mince. Les deux camps manipulaient leur opinion publique pour entretenir le moral des populations civiles et des troupes combattant à l'étranger. La propagande servait également à briser le moral de l'ennemi. Elle était parfois grossière, parfois subtile, mais comme le disait Josef Goebbels, le ministre allemand de la Propagande : « Un bon gouvernement ne peut survivre sans une bonne propagande. » Les films, la radio, les tracts et les affiches servaient à livrer la bataille de l'information, tandis que des tournées d'artistes devaient distraire les soldats.

▲ Hitler, le Führer
La propagande joua un rôle énorme dans le succès de Hitler. Elle fit beaucoup pour renforcer son image de chef visionnaire. Il était souvent représenté au milieu de ses adorateurs fidèles et dépeint comme un grand homme d'État qui conduirait son peuple vers la domination mondiale.

◄ Tokyo Rose
En 1943-1944, Mme Iva Ikuko Toguri D'Aquino, une Américaine née de parents japonais, réalisait une émission de radio quotidienne de quinze minutes diffusée depuis Tokyo. Dans cette émission débordante de nostalgie, elle démoralisait les soldats américains envoyés dans le Pacifique. Elle les appelait les « guerriers orphelins ». En vérité, les soldats américains adoraient ces émissions qui devinrent des sujets de plaisanteries et ils surnommèrent l'animatrice Tokyo Rose. Après la guerre, elle fut condamnée à dix ans de prison pour trahison.

Aviateurs britanniques transportant des tracts de propagande

▲ Bombarder l'ennemi avec des idées
Ces tracts antinazis étaient chargés à bord d'avions de la RAF pour être lâchés au-dessus de Vienne, en Autriche, et de Prague, en Bohême. Durant la guerre, les Britanniques et les Américains diffusèrent ainsi plus de 6 milliards de tracts au-dessus de l'Europe. Certains étaient destinés aux civils de pays occupés pour les dissuader de collaborer avec l'ennemi. D'autres expliquaient aux soldats ennemis que leurs efforts étaient vains et les incitaient à désobéir aux ordres ou à se rendre.

► Les Britanniques dehors !
Les Britanniques sont la cible de ce dessin italien de 1942. Les Italiens voulaient que la Méditerranée devienne un « lac » italien et ils s'efforçaient de chasser les Britanniques d'Afrique du Nord. On voit ici les Allemands expulsant les Britanniques d'Europe et les Japonais faisant la même chose en Asie. Les trois puissances de l'Axe sont montrées unies autour d'une cause commune.

Le parapluie sert à caricaturer le soldat britannique.

Brassard allemand

Uniforme et insigne japonais

Drapeau
tricolore
français

Union Jack
britannique

▶ L'union fait la force

Les images les plus simples sont souvent les armes de propagande les plus efficaces. Cette affiche américaine de 1943 en est un parfait exemple : elle montre les quatre nations alliées écartelant le svastika nazi. En rappelant constamment que les forces combinées de ces nations parviendraient à écraser l'Axe, les Alliés remontaient le moral des populations durant les heures les plus noires de la guerre.

Bannière étoilée
américaine

La faucille et
le marteau du
drapeau soviétique

Vera Lynn
signe des
autographes
pour des marins
néerlandais.

▲ Le samouraï destructeur

Cette affiche célèbre la puissance de l'Axe après que le Japon eut coulé deux bateaux de guerre britanniques. Le Japon, représenté ici sous les traits d'un guerrier samouraï, détruisit en décembre 1941 le *Prince of Wales* et le *Repulse*, deux navires protégeant Singapour d'une invasion.

▲ Les dieux de la guerre américains

Un tract chinois rédigé au début de 1945 disait :
« Ce pilote américain vous a aidés à chasser les Japonais du ciel chinois... mais ses collègues chinois et lui ont besoin de votre aide quand ils sont blessés ou affamés. »
Ces messages étaient nécessaires pour expliquer au peuple chinois quelles étaient les nations amies.

▲ Pour distraire les troupes

La chanteuse britannique Vera Lynn, « la fiancée des troupes », faisait partie des nombreux artistes qui se produisaient devant les soldats pour leur remonter le moral. Les chansons à succès étaient des mélodies sentimentales destinées à apaiser la tension des soldats et à les rassurer en leur disant qu'ils rentreraient bientôt chez eux.

La Shoah

Des horreurs commises durant la guerre, la Shoah – le génocide des Juifs d'Europe par l'Allemagne nazie – est la plus effroyable. Profondément antisémites, les nazis envoyèrent des milliers de Juifs dans des camps de concentration où beaucoup périrent. D'autres furent contraints de vivre dans des ghettos. En 1942, les nazis élaborèrent la « solution finale ». Ils construisirent des camps d'extermination destinés à tuer un grand nombre de Juifs de manière industrielle. Plus de 6 millions de Juifs furent ainsi assassinés. Privés de leurs droits, de leurs biens et de leur liberté, les Juifs ne comprirent pas tout de suite que les nazis voulaient les éliminer. À partir de 1942, une résistance s'organisa, mais comment des personnes désarmées pouvaient-elles résister à la puissance de l'Allemagne nazie ?

◄ Propagande antisémite
Cette affiche est celle du film *Le Juif éternel* (de 1937). Le cinéma était l'un des moyens utilisés par les nazis pour répandre des idées antisémites. Quand ils prirent le pouvoir en 1933, ils imposèrent le boycott des commerces juifs. En 1935, ils promulguèrent les lois de Nuremberg qui privaient les Juifs de leur citoyenneté.

▼ Dernières illusions
Transportés dans des wagons à bestiaux vers les camps, beaucoup de Juifs pensaient aller en Europe orientale pour travailler. Dans les camps, les douches étaient en fait des chambres à gaz.

► Le ghetto de Varsovie
En 1940, les 500 000 Juifs vivant à Varsovie, capitale de la Pologne, furent enfermés dans un ghetto. À l'intérieur, les conditions de vie étaient épouvantables et beaucoup de personnes moururent de maladie ou de faim. En mars 1943, les Juifs se révoltèrent. Les SS ne parvinrent à mater l'insurrection qu'avec l'aide de chars et d'avions. À la fin, le ghetto fut rasé ; 100 personnes seulement lui survécurent.

Femmes et enfants envoyés dans le ghetto sous la menace des armes

◄ L'étoile jaune
Dès 1941, dans l'Europe occupée, les Juifs durent coudre une étoile jaune sur leurs vêtements, afin qu'on puisse les identifier plus facilement. Dans les camps, les Juifs portaient des triangles jaunes sur leur tenue.

▼ Les camps d'extermination
Dès 1933, les nazis construisirent des camps de concentration pour enfermer les Juifs, les communistes, les prisonniers politiques, les Tsiganes, les homosexuels et tous ceux qu'ils jugeaient indésirables. Un grand nombre de prisonniers étaient obligés de travailler dans les usines voisines. En 1942, huit camps d'extermination, parmi lesquels Auschwitz (ci-dessous) et Treblinka, en Pologne, furent construits afin d'accélérer l'extermination des Juifs.

Le camp de concentration d'Auschwitz en Pologne est aujourd'hui conservé en l'état pour rappeler la réalité de la Shoah.

▶ Fours crématoires

Les cadavres des détenus, une fois dévêtus, rasés, débarrassés de leurs bijoux et de leurs dents en or, étaient entassés pour être incinérés. Les autres prisonniers étaient obligés de faire fonctionner eux-mêmes les fours crématoires. À Auschwitz, certains prisonniers se révoltèrent contre cette tâche horrible en faisant sauter un des fours.

Juif hongrois faisant partie des rares survivants de Belsen

Des civières servaient à glisser les corps dans les fours.

◀ Gamelle

Cette boîte vide servait de gamelle à un prisonnier des camps. Elle avait contenu auparavant le cyanure utilisé de manière massive dans les chambres à gaz pour tuer des milliers de personnes.

▶ L'horreur au quotidien

Les conditions de vie dans les camps étaient effroyables. La nourriture était rare et ceux qui étaient en état de travailler faisaient des journées de douze heures. La plupart des officiers allemands prenaient plaisir à maltraiter les détenus. Le Dr Josef Mengele, parmi d'autres, effectua à Auschwitz d'horribles expériences sur les prisonniers.

▲ Face à la vérité

Les troupes alliées obligèrent certains civils allemands à pénétrer dans les camps pour voir les atrocités commises au nom du nazisme. Quand les camps furent libérés par les Soviétiques, les Américains et les Britanniques, l'horrible réalité de la Shoah apparut en plein jour.

Gardiennes SS arrêtées à Belsen

▲ Le châtiment des gardiens

Pour les troupes alliées venues libérer les camps, la sinistre réalité était parfois trop dure à supporter. Quand les soldats américains entrèrent à Dachau en avril 1945, ils abattirent 122 gardes SS à vue. D'autres surveillants furent obligés d'enterrer les morts. Les principaux gradés furent arrêtés et jugés pour crimes contre l'humanité.

Le jour du débarquement

▲ Des cartes pleines d'intérêt
Des cartes postales permirent aux services de renseignements britanniques de se familiariser avec l'aspect des côtes normandes. Ils s'aidèrent aussi de cartes topographiques, de photos aériennes prises par des avions de reconnaissance et des renseignements des espions.

« Sword » était le nom de code de l'une des plages du débarquement.

▲ Sword Beach
Cette carte très détaillée de la plage rebaptisée « Sword » indique les particularités et les dangers auxquels seraient confrontés les soldats au moment de débarquer sur la côte. « Sword » était la plage située le plus à l'est, et comme ses voisines, « Juno » et « Gold », elle fut prise d'assaut par les troupes britanniques et canadiennes. Les troupes américaines, elles, débarquèrent sur les plages de l'ouest, rebaptisées « Omaha » et « Utah ».

À l'aube du 6 juin 1944 débuta sur les plages de Normandie la plus grande opération militaire aéronavale de l'histoire. Sous le nom de code Overlord, le débarquement des forces alliées avait été préparé minutieusement pendant plusieurs années. Plus de 150 000 soldats américains, britanniques et canadiens traversèrent la Manche pour établir cinq têtes de pont. L'opération faillit être annulée à cause du mauvais temps, mais le commandant en chef, le général Dwight Eisenhower (1890-1969), prit finalement le risque de maintenir la date choisie. Les Allemands furent surpris car ils s'attendaient à une invasion plus à l'est, dans le Pas-de-Calais. À la tombée de la nuit, les têtes de pont étaient établies et les pertes humaines relativement minimes pour une opération de cette ampleur. La libération de l'Europe de l'Ouest commençait.

▲ Attaque venue du ciel
Les parachutistes jouèrent un rôle déterminant dans le débarquement en Normandie. Aux petites heures du jour J, des soldats de l'US Air Force furent parachutés derrière Utah Beach afin de renforcer les positions clés. Pendant ce temps, les parachutistes britanniques atterrissaient derrière Sword Beach, où ils détruisirent une batterie d'artillerie allemande.

▼ Débarquement à Omaha Beach
Le plus dangereux des cinq sites de débarquement était celui d'Omaha Beach. Entourée de hautes falaises et offrant peu d'accès vers l'intérieur des terres, cette plage était un endroit facile à défendre et difficile à attaquer. Les troupes américaines perdirent au moins 3 000 hommes dans l'opération, mais elles parvinrent à établir une tête de pont de 3 km de profondeur à la tombée de la nuit.

Char M4 Sherman (M4A3E2)

▲ Ports Mulberry

« Si on ne peut pas s'emparer d'un port, nous devons en apporter un avec nous », déclara un officier de marine britannique. Résultat, deux ports flottants, appelés « ports Mulberry », furent construits en Grande-Bretagne. Il s'agissait de gigantesques chaussées flottantes constituées de blocs d'acier remorqués sur la Manche et assemblés ensuite au large des plages du débarquement.

▶ Sur la plage

Cette image d'Omaha Beach le lendemain du jour J est représentative des cinq sites de débarquement envahis par les camions, les chars et les troupes. Une fois débarquée, la première vague de soldats entreprit de conquérir la plage pour empêcher toute contre-attaque ennemie. Les navires purent alors débarquer d'énormes quantités de matériel.

▼ Moto pliante

Des motos pliantes furent parachutées derrière les lignes ennemies afin de transporter les forces aéroportées. Dotés d'une autonomie de 144 km, ces engins pouvaient atteindre 48 km/h.

Guidon démontable

Mécanisme pour ôter la selle

Moteur à essence

Moto britannique Welter

Ces ballons protégeaient le matériel et les vivres de toute attaque aérienne.

Mortier prêt à tirer

▲ Tirs de mortier

Une fois sur terre, les Alliés commencèrent à avancer vers l'intérieur. Ils utilisèrent des mortiers pour détruire les chars et les blockhaus allemands. La progression fut lente mais, à la fin du mois de juillet, près d'un million d'hommes avaient débarqué en France et se dirigeaient vers Paris.

La Libération

La libération de l'Europe du joug allemand et italien fut longue et pénible. Dès la première contre-attaque russe à Stalingrad en novembre 1942, l'Armée rouge commença à repousser lentement l'armée allemande vers l'ouest, hors d'Union soviétique. Mais la frontière polonaise ne fut franchie qu'en janvier 1944 et la guerre dans les Balkans se poursuivit jusqu'en 1945. La libération de l'Italie par les Alliés fut tout aussi longue, tandis que la libération de la France ne débuta qu'en juin 1944. Le Danemark, la Norvège, la Tchécoslovaquie et certaines parties des Pays-Bas et de l'Autriche demeurèrent sous la botte hitlérienne jusqu'à la reddition finale de l'Allemagne en mai 1945. En Extrême-Orient, seules la Birmanie, les Philippines et quelques îles avaient été reprises au Japon à la fin de la guerre. Partout, les gens essayèrent de retrouver une vie normale, comme avant la guerre.

Soldats rampant parmi les ruines du monastère de Monte Cassino en Italie

▶ La Libération de Paris
La capitale était occupée par les Allemands depuis le 14 juin 1940. Le 19 août 1944, la Résistance déclencha une insurrection. Épaulée par la 2e division blindée du général Leclerc des Forces françaises libres, elle libéra Paris six jours plus tard. Le 26 août 1944, le chef de la France libre, le général de Gaulle, défilait victorieusement sur les Champs-Élysées.

Sacs de sable servant à amortir les balles

▲ Invasion nazie en Italie
Les parachutistes allemands affrontèrent les soldats alliés dans les ruines du monastère de Monte Cassino en Italie en 1944. Après l'invasion et la libération de la Sicile par les Alliés, en juillet 1943, l'Italie se rendit. En octobre, elle changea de camp et déclara la guerre à l'Allemagne, son alliée. Les troupes allemandes affluèrent alors en Italie, retardant considérablement la progression alliée vers le nord du pays.

▼ Libérés du fascisme
En janvier 1945, les forces alliées pénétrèrent dans le nord de l'Italie, où elles furent aidées par les partisans de l'armée de résistance. Ces partisans combattaient pour abattre le régime fantoche de Mussolini et chasser les Allemands de leur pays. Ils libérèrent Milan et Turin et capturèrent Mussolini en avril 1945 qu'ils exécutèrent sur-le-champ.

Partisans italiens au combat pour la libération de Milan

Aigle en bronze

Impact de balle

▲ L'aigle de Hitler

Cet imposant aigle en bronze était accroché dans la résidence officielle de Hitler à Berlin, la chancellerie du Reich. Il fut confisqué par les Soviétiques et un officier de l'Armée rouge le donna à un soldat britannique à Berlin en 1946. Ses ailes portent encore les marques de l'ultime bataille de Berlin.

▼ La France libérée

Lors de la libération de la France, les drapeaux nazis furent arrachés des façades et remplacés par le drapeau tricolore. Commencée le 6 juin 1944, la libération de la France prit fin quand les Alliés pénétrèrent en Allemagne au début de 1945. Un Gouvernement provisoire fut instauré sous la présidence du général de Gaulle pour pallier l'effondrement de l'État français. Le maréchal Pétain fut fait prisonnier et emmené par les Allemands en fuite.

Deux femmes arrachent une pancarte à l'entrée d'un quartier général nazi dans la ville de Troyes.

▲ La dénazification

Alors que les Allemands étaient chassés des pays qu'ils occupaient par les Alliés, les habitants de ces pays entreprirent d'effacer toutes les traces qui évoquaient la présence de leurs anciens maîtres. Les panneaux en allemand furent enlevés et les symboles nazis effacés sur tous les bâtiments, tandis que les gens commençaient à reconstruire leur pays en ruine.

Un soldat traîne derrière lui un drapeau nazi après la libération de la France.

Emblème national de l'Allemagne

Svastika entouré d'une couronne de feuilles de chêne

▶ La chute de Berlin

Le 30 avril 1945, des soldats soviétiques grimpèrent sur le toit du Reichstag (le Parlement allemand) pour y planter le drapeau soviétique en signe de victoire. Il avait fallu deux ans et demi de combats acharnés pour repousser les Allemands des portes de Stalingrad jusqu'à la périphérie de Berlin, la capitale de l'Allemagne. Le jour où Berlin tomba aux mains des Soviétiques, Hitler se suicida.

Un soldat russe plante le drapeau soviétique sur les ruines de Berlin, capitale de l'Allemagne.

La bombe atomique

Deux savants allemands découvrirent dès 1938 les principes physiques de la bombe atomique. En procédant à la fission d'un atome d'uranium, ils provoquèrent une réaction en chaîne d'une gigantesque puissance potentielle. Après l'entrée en guerre des États-Unis, une équipe internationale de scientifiques – dont beaucoup avaient fui l'Allemagne nazie – se mit au travail. Le projet Manhattan, installé à Los Alamos au Nouveau-Mexique, était dirigé par le physicien Robert Oppenheimer (1904-1967). Le 16 juillet 1945, la première bombe fut testée avec succès dans le désert du Nouveau-Mexique.

▼ « Enola Gay »

La Superforteresse volante américaine Enola Gay décolla aux petites heures du 6 août 1945. Elle largua sa bombe au-dessus de Hiroshima au Japon à 8 h 15, avant de regagner sa base.

Puissants quadrimoteurs à hélice, les B-29 pouvaient transporter de lourds chargements de bombes sur de longues distances.

▲ Petite, mais mortelle

Little Boy (petit garçon) était le nom donné à la bombe à base d'uranium 235 pesant 4 082 kg qui fut larguée sur Hiroshima. Sa puissance était 2 000 fois supérieure à celle de n'importe quelle autre bombe lancée jusqu'alors.

Little Boy mesurait 3 m de long et 71 cm de diamètre.

Bouteille déformée sous l'effet de la déflagration

▶ Horreur sur Hiroshima

La bombe larguée sur Hiroshima explosa à 600 m d'altitude au-dessus de la ville. Elle provoqua un éclair de chaleur aveuglant, suivi d'une déflagration qui s'étendit sur 3,66 km et rasa toutes les habitations sur 12,2 km². Plus de 78 000 personnes périrent instantanément, 68 000 autres furent blessées.

Le champignon de fumée était visible à 580 km à la ronde.

À Nagasaki, seuls quelques immeubles en briques résistèrent à la déflagration.

Le souffle atteignit

Survivants tenant des rations de riz d'urgence

« Un éclair époustouflant envahit le ciel… et le monde s'effondra autour de moi. »

Un survivant de Hiroshima

▲ Le bombardement de Nagasaki

Le matin du 9 août 1945, la seconde et dernière bombe atomique fut larguée sur la ville de Nagasaki, au sud du Japon. Baptisée *Fat Man* (obèse), cette bombe au plutonium pesait 4 536 kg. Elle était destinée à détruire initialement l'importante base militaire de Kokura mais, à cause des mauvaises conditions météorologiques, la ville de Nagasaki fut choisie comme cible au dernier moment. Près de 35 000 personnes furent tuées instantanément et 70 000 des 78 000 bâtiments de la ville furent endommagés ou totalement détruits.

Le musée des Sciences et de l'Industrie est resté dans l'état où il était en 1945.

Le nuage s'éleva à 10 000 m d'altitude.

▲ Deux fois de trop

Bien que les villes de Hiroshima et Nagasaki aient été reconstruites après la guerre, un quartier du centre de Hiroshima totalement dévasté a été laissé en ruine pour témoigner de l'horreur de la bombe atomique. Depuis 1955, une conférence internationale antinucléaire se réunit chaque année dans cette ville.

▲ Les survivants

Plus de 110 000 habitants de Hiroshima et de Nagasaki furent tués instantanément par les bombes. Beaucoup plus nombreux furent ceux qui souffrirent de graves brûlures et d'autres blessures, dont la contamination par les radiations. Les effets à long terme de ces radiations, provoquant cancers et leucémies chez les survivants et leurs enfants, ne permettent pas de calculer avec exactitude le nombre de victimes. Mais il est probable qu'à Hiroshima seulement, 150 000 personnes environ moururent à cause des radiations au cours des cinq ans qui suivirent le bombardement.

▲ Le Japon se rend

Le 9 août 1945, le jour même du bombardement de Nagasaki, l'URSS attaqua le Japon en envahissant la Mandchourie. Le soir, le Conseil de guerre suprême japonais se réunit avec l'empereur Hirohito, sans parvenir à établir un plan d'action. Hirohito prit alors les rênes du pouvoir et, le 14 août, il accepta la reddition exigée par les Alliés, à condition de demeurer empereur. Le lendemain, Hirohito s'adressa par radio à ses compatriotes – ils entendaient sa voix pour la première fois – et il leur demanda de se rendre. La capitulation fut signée le 2 septembre.

Ces prisonniers de guerre japonais apprennent que leur pays vient de se rendre.

Au sol, la température atteignit 5 000 °C.

59

La victoire

Première page d'un quotidien britannique

La reddition sans condition des forces allemandes fut signée le 7 mai 1945 à 2 h 41 dans une petite école de Reims, en Champagne, avec pour témoins des émissaires des quatre pays alliés : Grande-Bretagne, France, États-Unis et URSS. La même cérémonie fut répétée à Berlin le lendemain, 8 mai, considéré officiellement comme le jour de la victoire en Europe. Trois mois plus tard, le 14 août, après le largage de deux bombes atomiques sur Hiroshima et Nagasaki, le Japon se rendit à son tour. La reddition officielle se déroula à bord du navire américain *Missouri* dans la baie de Tokyo, le 2 septembre 1945. Après six années de guerre, le monde retrouvait la paix. Les Alliés avaient déjà élaboré des plans détaillés concernant le sort de leurs anciens adversaires.

> « L'Est et l'Ouest se sont rejoints.
> Voilà la nouvelle que le monde allié attendait.
> Les forces de libération se sont serré la main. »
>
> PRÉSENTATEUR RADIO AMÉRICAIN EN 1945

▲ Feu d'artifice sur Moscou

Moscou célébra la victoire sur l'Allemagne nazie par un gigantesque feu d'artifice et un défilé militaire sur la place Rouge. Des trophées de guerre, comme des drapeaux nazis, furent déposés aux pieds des dirigeants soviétiques vainqueurs.

Saint George tuant le dragon

▲ La George Cross britannique

Elle fut remise pour la première fois par George VI en 1940 à des personnes ayant fait preuve d'héroïsme. La population de l'île de Malte la reçut en 1942.

▲ La Croix du courage

Les soldats polonais qui firent preuve de bravoure au combat reçurent la Croix du courage. Un aigle polonais trône au centre de la croix.

▶ Le Japon se rend

Le 15 août 1945, jour de la victoire sur le Japon, fut l'occasion de nouvelles célébrations dans le monde. Pourtant, si le Japon avait officiellement rendu les armes, de nombreux soldats japonais continuaient à se battre. Ce n'est qu'en septembre que la paix fut véritablement instaurée.

Quotidien indien imprimé en anglais

▼ **Le jour de la victoire à New York**

Le lendemain de la reddition sans condition des forces allemandes, le 7 mai, le monde avait enfin une raison de faire la fête. Dans tous les États-Unis, les gens envahirent les rues et organisèrent des réjouissances spontanées. A Londres, le Premier ministre Winston Churchill apparut sur le balcon de Buckingham Palace aux côtés de la famille royale devant des milliers de personnes. Toutes les villes d'Europe fêtèrent leur libération.

Les bandes de téléscripteur étaient utilisées comme serpentins dans le quartier de Wall Street à New York.

Le bilan de la guerre

En 1945, tous les pays du monde se retrouvèrent face à une tâche colossale. Les vainqueurs comme les vaincus avaient subi de très lourdes pertes ; on estimait le nombre de morts à 55 millions, au front ou à l'arrière. La nation la plus touchée fut l'URSS avec plus de 20 millions de morts, et la Pologne qui perdit un cinquième de sa population d'avant-guerre. Six millions de Juifs furent exterminés lors de la Shoah. Tous les pays, à l'exception des États-Unis, sortirent meurtris de la guerre : villes en ruine, usines et fermes détruites. Les dirigeants allemands et japonais furent jugés par des tribunaux internationaux, tandis que de nombreux soldats restèrent enfermés pour une longue période dans des camps. Partout, la reconstruction fut lente et difficile, mais dans chaque pays il y avait le désir de ne plus jamais revivre les horreurs de cette guerre.

▲ Les Nations unies
Les Nations unies sont un des héritages durables de la Seconde Guerre mondiale. Les représentants de 26 pays, parmi lesquels les États-Unis, l'URSS, la Grande-Bretagne et la Chine, se retrouvèrent à Washington le 1er janvier 1942. Chacun d'eux promit de ne pas signer de paix séparée avec l'Axe (Italie, Allemagne, Japon). L'Organisation des Nations unies (ONU) fut officiellement créée en octobre 1945, autour de 51 membres.

▲ Habitat préfabriqué
En Grande-Bretagne, des maisons préfabriquées servirent à loger les milliers de personnes jetées à la rue par les bombardements. Ces maisons en acier, puis plus tard en aluminium et en amiante, arrivaient toutes démontées et il suffisait de quelques jours pour les assembler. Plus de 150 000 maisons de ce type furent ainsi construites dans les années 1940. Bien que conçues comme des habitations temporaires, certaines existent encore aujourd'hui.

▶ À l'assaut des gravats
En Allemagne, la population se mit au travail pour déblayer les ruines de ses villes détruites. Elle dégagea les immeubles bombardés et les routes encombrées de gravats et participa à la reconstruction. C'était un travail difficile et pénible, car il n'était pas rare de découvrir dans les caves des habitations des cadavres.

Épave du chasseur Messerschmitt Me110 de Hess

◀ Une fuite en avion
Le 10 mai 1941, Rudolf Hess, chef adjoint du parti nazi, quitta l'Allemagne en avion pour l'Écosse. Mais son avion s'écrasa en Angleterre et Hess fut arrêté. Il déclara qu'il cherchait à faire la paix. Condamné à la prison à vie lors du procès de Nuremberg, il resta incarcéré à la prison de Spandau, à Berlin, jusqu'à sa mort en 1987. Les circonstances exactes de sa fuite n'ont jamais été véritablement éclaircies.

▲ Les procès pour crimes de guerre

Après la guerre, de nombreux chefs nazis et dirigeants japonais furent jugés pour crimes de guerre. En 1945, à Nuremberg en Allemagne, 22 chefs nazis furent jugés par un Tribunal militaire international composé de juges américains, français, russes et britanniques. 12 des 22 accusés furent condamnés à mort. Au Japon, le général Tojo fut exécuté en 1948. D'autres procès, comme celui ci-dessus concernant des responsables de camps nazis, en 1948, eurent lieu dans les années qui suivirent.

◀ Le Parc de la Paix

Ce monument se dresse dans le Parc de la Paix à Hiroshima. Ce parc rappelle les ravages que les armes nucléaires peuvent causer aux populations, quelles qu'elles soient. Depuis la fin de la guerre, des militants de la paix font campagne dans le monde entier pour que les deux bombes atomiques larguées sur le Japon soient les dernières.

◀ Les rationnements continuent

La fin de la guerre ne signifia pas pour autant la fin des privations en Europe. En attendant que l'agriculture et l'industrie reprennent une production normale, les produits alimentaires et de première nécessité continuèrent à faire cruellement défaut. En Grande-Bretagne, le pain fut même rationné pour la première fois en 1946 et le rationnement de la viande se poursuivit jusqu'en 1954.

Carnet de rationnement du ministère britannique de l'Alimentation pour les années 1949 et 1950

▲ L'Amérique opulente

Les États-Unis ressortirent de la guerre encore plus puissants et riches qu'au moment de leur entrée dans le conflit. À l'exception de ses îles du Pacifique, aucune partie de son territoire n'avait été bombardée ni envahie, et la population connaissait maintenant une période de plein emploi et de salaires élevés. De nombreux Américains pouvaient désormais s'offrir des maisons et des voitures neuves.

Le saviez-vous ?

Des informations passionnantes

29 chars amphibies Sherman furent lancés des navires alliés le jour du débarquement (le 6 juin 1944), mais seuls deux d'entre eux parvinrent au rivage. Les autres coulèrent en haute mer. En 2000, des plongeurs localisèrent la plupart d'entre eux.

En 1974, un soldat japonais appelé Hiroo Onoda sortit de la jungle de l'île de Lubang, dans le Pacifique, où il était resté caché 29 ans, ne sachant pas que son pays s'était rendu.

La « Utility Furniture », en Grande-Bretagne, réglementant la fabrication de mobilier, visait à utiliser aussi peu de bois et de matières premières rares que possible. Les meubles fabriqués dans cette perspective étaient mis à la disposition des jeunes mariés ou des familles qui avaient tout perdu au cours d'un raid aérien.

L'œuvre de charité britannique Oxfam a été fondée en 1942 afin de récolter des fonds pour les enfants grecs, dont le pays était ravagé par la guerre. Aujourd'hui, cette œuvre intervient dans le monde entier.

En 2003, une bouteille contenant un message échoua sur une plage de Suède. Elle avait été jetée à la mer soixante ans plus tôt par un réfugié estonien qui se cachait à Gotska Sandön, à 150 km de là. Environ 2 000 réfugiés des États baltes émigrèrent sur cette île pendant la guerre.

Lorsqu'ils ne disposaient pas d'émetteurs ou de téléphones, les militaires employaient souvent des pigeons voyageurs pour transmettre des messages urgents. Dans les armées, il existait des unités spéciales à cet effet, équipées de pigeonniers mobiles.

Le Japon et la Russie ne mirent jamais officiellement fin aux hostilités après la guerre. Le projet visant à leur faire signer un traité de paix en l'an 2000 échoua. Le Japon voulait en effet que la Russie lui restitue quatre îles du Pacifique dont elle s'était emparée à la fin de la guerre.

En 1939, le chimiste suisse Paul Müller se rendit compte que le DDT, produit chimique à base de chlore, était aussi un insecticide. Grâce à lui, le DDT fut donc utilisé pour protéger les troupes des maladies transmises par les insectes.

La princesse Élisabeth (à droite)

La princesse Élisabeth, qui devait devenir reine du Royaume-Uni, apporta sa contribution à l'effort de guerre. Elle intégra l'*Auxiliary Territorial Service* (Service auxiliaire du territoire) et conduisit un camion.

En 1935, le gouvernement anglais demanda à l'ingénieur Robert Watson-Watt de travailler sur un « rayon mortel » qui détruirait les avions ennemis en utilisant des ondes radio. Au lieu de cela, Watson-Watt utilisa ces ondes pour détecter leur approche : le radar, de l'anglais *radio detection and ranging*, était né.

Soldat britannique choisissant sa chemise

En quittant l'armée, chaque soldat britannique recevait un ensemble de vêtements civils : un costume, un imperméable, une chemise, deux cols de chemise, un chapeau, une cravate, deux paires de chaussettes et une paire de chaussures.

La pénicilline sauva la vie de millions de soldats. Elle commença à être fabriquée à grande échelle en 1942.

Les deux parties en présence utilisaient des chiens pour transmettre des messages. L'armée américaine forma elle aussi plusieurs sections de chiens de guerre. Ceux-ci servirent dans le Pacifique comme éclaireurs et sentinelles.

Soldat allemand et son chien messager

Membres du 8e service de pigeons voyageurs de l'armée britannique

Message transporté par le pigeon

Questions / réponses

Quel rôle joua Magic durant la guerre?

Magic était le nom donné à l'équipe de cryptographes américains qui tentaient de résoudre l'énigme de la machine Pourpre inventée par Jinsaburo Ito en 1939. En 1940, William Friedman parvint à percer le secret de ce code. Le succès des Américains au cours de la bataille de Midway dans le Pacifique fut en partie dû au travail de l'équipe *Magic*.

Quel code secret utilisèrent les Marines américains?

Dès 1942, les Marines, dans le Pacifique, utilisèrent la langue navajo comme code secret. Elle fut choisie car il s'agissait d'une langue très complexe, et connue par de très rares personnes en dehors des Navajos. Cependant, elle ne comprenait pas de vocabulaire militaire, aussi fallut-il donner de nouvelles significations à des mots existants. Le mot signifiant colibri, *dah-he-ti-hi*, fut ainsi utilisé pour désigner un avion de combat. Environ 400 Navajos, appelés *Code Talkers*, apprirent ce code, dont les Japonais ne percèrent jamais le secret.

Quel camp employa le premier des parachutistes?

Les Russes furent les premiers à employer des parachutistes, qu'ils présentèrent à des observateurs militaires au cours de manœuvres en 1935. Ils aidèrent également les Allemands à entraîner leurs propres parachutistes. Les Alliés ne les imitèrent qu'en 1940, lorsque s'ouvrit près de Manchester en Angleterre la *Central Landing School*. Des soldats de toutes les nations alliées s'y entraînèrent et, au bout de six mois, près de 500 d'entre eux étaient prêts à l'action.

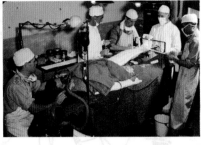

Soldat recevant une transfusion sanguine dans un poste médical avancé

Quel progrès d'ordre médical sauva la vie de nombreux soldats?

Le progrès médical qui sauva le plus de vies fut la transfusion sanguine. Le médecin d'origine australo-américaine Karl Landsteiner avait repéré l'existence de différents groupes sanguins dès 1901, mais il restait à travailler sur l'application de cette découverte. La Seconde Guerre mondiale fut le principal conflit au cours duquel les transfusions sanguines sauvèrent beaucoup de vies.

Comment s'appelaient les avions sur lesquels étaient peints des dents?

La *Royal Air Force* peignait d'effrayantes dents de requins sur les Curtiss Kittyhawk dans lesquels ses pilotes survolaient le désert occidental, au nord de l'Afrique. Ces peintures remontaient le moral des pilotes, qui se sentaient invincibles. Le Kittyhawk s'inspirait du P-40 Warhawk américain. Doté d'une vitesse de pointe de 552 km/h, il pouvait transporter une bombe de 227 kg et était équipé de six mitrailleuses de 12,7 mm.

Un parachutiste à l'entraînement

Les Kittyhawk du 112e escadron de la RAF, en 1943

Sean Connery interprétant le rôle de 007, dans le premier James Bond, *James Bond contre Dr No* (1962)

Quel agent double de la Seconde Guerre mondiale inspira le personnage de James Bond?

L'écrivain Ian Fleming fut si impressionné par l'espion Dusko Popov, né en Yougoslavie, qu'il s'inspira de lui pour créer 007. Les services secrets allemands, l'Abwehr, recrutèrent Popov au cours de l'été 1940, sans savoir que celui-ci était un opposant au nazisme. Bientôt, Popov travailla pour les agences de renseignements britanniques, MI 5 et MI 6. Ils lui donnèrent de fausses informations à transmettre à ses supérieurs nazis. Popov parlait au moins cinq langues et créa sa propre formule pour une encre invisible. Il fut aussi le premier espion à utiliser des micro-images, photos réduites à la taille d'un point. En 1941, il se mit à travailler au service des Américains. Il les informa que les Japonais envisageaient une attaque aérienne de Pearl Harbor, mais le FBI ne tint pas compte de ses avertissements. Aux États-Unis, Popov vécut dans un appartement de grand standing et sortit avec de nombreuses actrices de cinéma, se bâtissant une réputation de play-boy. Il rendit compte de ses activités durant la guerre dans un ouvrage intitulé *Espionnage, contre-espionnage* (1974).

Les étapes de la Seconde Guerre mondiale

Comme les combats se déroulaient sur différents fronts, il n'est pas facile d'établir une chronologie des événements de la Seconde Guerre mondiale. Ce calendrier rapide n'en souligne que certains moments clés afin de saisir l'histoire de la guerre telle qu'elle s'est déroulée. Il n'y a pas assez de place dans ces pages pour recenser tous les événements principaux de cette guerre. Beaucoup d'étapes importantes ont dû être laissées de côté.

Soldats allemands marchant sur la Pologne en 1939

1939

1er septembre
L'Allemagne envahit la Pologne.

3 septembre
La Grande-Bretagne et la France déclarent la guerre à l'Allemagne.

27 septembre
Varsovie, la capitale de la Pologne, se rend aux Allemands.

28 septembre
L'Allemagne et l'Union soviétique se partagent la Pologne.

30 novembre
L'Union soviétique envahit la Finlande.

1940

avril - mai
L'Allemagne envahit le Danemark, la Norvège, la Hollande, la Belgique, le Luxembourg et la France.

26 mai - 4 juin
L'opération Dynamo permet d'évacuer de Dunkerque plus de 338 000 soldats alliés.

10 juin
L'Italie déclare la guerre à la Grande-Bretagne et à la France.

14 juin
Les troupes allemandes parviennent à Paris.

21 juin
La France se rend, et l'Allemagne prend le contrôle du nord de la France.

juillet
La bataille d'Angleterre commence.

août
L'Italie envahit le Somaliland, territoire britannique de Somalie.

Lettres d'identification

Un Hawker Hurricane utilisé par la RAF au cours de la bataille d'Angleterre, en 1940

Symbole de cible sur l'aile

Echappements situés derrière l'hélice

septembre
L'Italie envahit l'Égypte.

27 septembre
L'Allemagne, l'Italie et le Japon signent le Pacte tripartite.

octobre
La bataille d'Angleterre s'achève.

Attaque de Pearl Harbor par le Japon en 1941

1941

janvier
Les troupes britanniques et australiennes s'emparent de Tobrouk, en Libye.

mars
La Bulgarie rejoint l'Axe.

avril
L'Allemagne envahit la Yougoslavie et la Grèce.

mai
Les Britanniques coulent le *Bismarck*.

juin
Opération Barberousse : l'Allemagne envahit l'Union soviétique.

septembre
Le siège de Leningrad commence : des troupes allemandes et finlandaises assiègent la ville soviétique.

décembre
Le Japon attaque la flotte américaine à Pearl Harbor et commence à envahir la Malaisie.

8 décembre
La Grande-Bretagne et les États-Unis déclarent la guerre au Japon.

11 décembre
L'Allemagne déclare la guerre aux États-Unis.

25 décembre
Hong Kong capitule face aux Japonais.

Les Allemands en Afrique du Nord, 1942

1942

février
Les Japonais s'emparent de Singapour.

mars
Les premiers prisonniers d'Auschwitz, en Pologne, sont gazés.

mai
Les États-Unis interrompent la progression des Japonais durant la bataille de la mer de Corail.

juin
Les États-Unis battent les Japonais au cours de la bataille de Midway.

août
La bataille pour s'emparer de la ville soviétique de Stalingrad commence.

octobre
La Grande-Bretagne est victorieuse face à l'Allemagne à El-Alamein, en Afrique du Nord.

1943

31 janvier
L'armée allemande est vaincue à Stalingrad.

février
Les États-Unis reconquièrent l'île de Guadalcanal, dans l'archipel des Salomon, auparavant aux mains des Japonais.

avril
Les troupes nazies attaquent le ghetto de Varsovie, en Pologne.

12 mai
L'armée allemande présente en Afrique du Nord se rend.

juillet
Les troupes alliées envahissent la Sicile et le sud de la péninsule italienne.

25 juillet
Le dictateur italien Benito Mussolini est renversé.

septembre
Les troupes alliées envahissent l'Italie continentale. L'Italie capitule.

13 octobre
L'Italie déclare la guerre à l'Allemagne.

1944

janvier
En URSS, le siège de Leningrad, qui a duré deux ans et trois mois, prend fin.

mars
Le Japon tente d'envahir l'Inde.

6 juin
Jour J : les forces alliées débarquent en Normandie et pénètrent massivement en France.

Benito Mussolini

25 août
Les Alliés libèrent Paris.

octobre
Les troupes américaines parviennent aux Philippines.

1945

mars
Les Britanniques et les troupes américaines traversent le Rhin, en Allemagne.

30 avril
Adolf Hitler, chancelier d'Allemagne, se suicide.

7 mai
L'Allemagne se rend sans condition.

8 mai
Jour de la victoire en Europe.

6 août
Les États-Unis larguent la bombe atomique *Little Boy* sur la ville japonaise d'Hiroshima.

9 août
Les États-Unis larguent la bombe atomique *Fat Man* sur la ville japonaise de Nagasaki.

15 août
Annonce de la reddition du Japon.

octobre
Création officielle de l'Organisation des Nations unies.

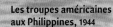
Les troupes américaines aux Philippines, 1944

Pour en savoir plus

Vous pouvez apprendre à mieux connaître cette guerre en écoutant ceux qui l'ont vécue parmi vos proches. On trouve également des témoignages sur Internet ou dans des ouvrages spécialisés. Nombre de musées de la guerre proposent en plus de leurs collections des expositions interactives qui permettent de revivre les événements de l'époque. Les documentaires télévisés présentent aussi des images de la guerre. Enfin, le cinéma a représenté celle-ci sous toutes ses formes, évoquant aussi bien les équipages de sous-marins que l'évasion d'un camp de prisonniers.

▲ Cabinets de guerre
Si vous vous trouvez à Londres, vous pouvez visiter les salles où se réunissaient Churchill et son cabinet de guerre entre 1940 et la fin de la guerre. Celles-ci sont situées en sous-sol et ont été conservées telles qu'elles étaient à l'époque.

▶ Monument de Mourmansk
Chaque pays ayant pris part à la Seconde Guerre mondiale possède des mémoriaux évoquant le souvenir de ses morts. Cette gigantesque statue en béton d'un soldat russe domine le port de Mourmansk, en Russie. Ce soldat, connu sous le nom d'Aliocha, symbolise les héros de guerre russes.

◀ Anniversaire du jour J
Les anniversaires d'événements de la guerre, comme celui du débarquement, qui a lieu le 6 juin, ne sont pas seulement destinés aux vétérans. Ils donnent à chacun une occasion de réfléchir et d'en apprendre davantage sur l'histoire de son pays.

▼ Musées de la guerre
Les collections de la Seconde Guerre mondiale augmentent régulièrement dans les musées, car l'on continue de trouver des objets de l'époque. L'Imperial War Museum North de Manchester, par exemple, constitue un nouvel espace d'exposition pour la collection de l'Imperial War Museum de Londres, auparavant entièrement abritée dans ce dernier.

Imperial War
Museum North

Poster du film *La Liste de Schindler*

◀ Films de guerre

Les réalisateurs de films n'ont pas uniquement relaté les horreurs de la guerre, mais aussi des histoires d'actes héroïques individuels. Le film de Spielberg intitulé *La Liste de Schindler* (1993) raconte l'histoire vraie d'un homme d'affaires allemand, Oskar Schindler, qui parvint à sauver des centaines de Juifs d'une mort certaine en les employant dans son usine.

La menora est un symbole important du culte hébraïque.

▶ Mémorial de la Shoah

De nombreux mémoriaux ont été construits en l'honneur des victimes des camps de la mort nazis. Celui-ci se situe à Mauthausen, en Autriche, où 125 000 personnes environ ont péri. Il a la forme d'une menora (terme hébreu signifiant « chandelier »).

◀ Films

Il existe une filmographie abondante sur la Seconde Guerre mondiale. On citera, par exemple, *Le jour le plus long* (1962), *Paris brûle-t-il ?* (1966), *La bataille du rail* (1946) ou encore *Le train* (1964, ci-contre), film de John Frankenheimer, qui relate un épisode de la résistance des cheminots de la SNCF.

Des lieux à visiter

Mémorial de la paix, Caen
Découvrez l'histoire de 1918 à nos jours grâce aux films, aux maquettes et aux collections d'uniformes et d'armes légères de ce musée.
• Esplanade du Général-Eisenhower 14000 Caen
www.memorial-caen.fr/portail

Mémorial de la Shoah, Paris
Le Mémorial et le centre de documentation juive contemporaine rassemblent de nombreux documents sur la Shoah.
• 17, rue Geoffroy l'Asnier 75004 Paris
www.memorialdelashoah.org

Musée de l'Armée, Paris
Des objets et des vidéos témoignent de la vie civile et militaire durant la Seconde Guerre mondiale.
• Hôtel national des Invalides
6, place Vauban 75007 Paris
www.musee-armee.fr/accueil.html

Musée de la Résistance nationale
Le musée de la Résistance nationale
www.musee-resistance.com
C'est un réseau de musées présents dans toute la France conservant et exposant des collections uniques sur la Résistance.
Les principaux sites à découvrir sur le lien suivant :
www.musee-resistance.com/musee/reseau-mrn/

Musée des blindés, Saumur
Superbe collection de chars de tous les pays et époques.
• 1043 route de Fontevraud 49400 Saumur
www.museedesblindes.fr

Ligne Maginot
Pour tout savoir sur cette ligne de défense fortifiée.
www.lignemaginot.com

Le débarquement en Normandie
Sites et musées à découvrir
www.normandie-tourisme.fr/
les-lieux-de-visite/les-plages-
du-debarquement-5-1.html
http://www.lignemaginot.com/
accueil/indexfr.htm

Traduction française de l'inscription en anglais figurant au-dessous

Quelques sites Internet

• Ce site présente les batailles, les événements et les armes de la guerre, mais aussi les biographies des principaux acteurs, de nombreuses images, des fichiers sonores et vidéo. www.secondeguerre.net
• Des textes clairs et une documentation importante racontent l'histoire du Service du travail obligatoire. www.requis-deportes-sto.com
• Le conservatoire historique du camp de Drancy. chcd.chez-alice.fr
• Le site du musée de la Résistance nationale propose divers dossiers sur l'histoire, les manifestations et des figures de la résistance www.musee-resistance.com

▶ Mémorial d'Omaha Beach

Situé à Saint-Laurent-sur-Mer, ce monument est l'un des nombreux monuments de Normandie consacrés aux héros du jour J.
www.musee-memorial-omaha.com

Glossaire

Abri antiaérien Endroit qui permet de se mettre à l'abri des bombardements au cours d'un raid aérien, comme un bunker souterrain.

Alliance Groupe d'alliés ayant décidé d'agir en coopération. Les pays alliés consignent souvent leurs objectifs communs dans un traité officiel.

Amphibie Capable de se déplacer à la fois sur terre et dans l'eau.

Antisémite Personne exprimant sa haine des Juifs.

Armistice Fin des hostilités décidée par le pouvoir politique.

Atrocité Acte épouvantable et cruel.

Auxiliaire Décrit une personne ou une chose offrant de l'aide ou un soutien.

Aviateurs allemands fabriquant des ceintures de munitions

Axe Nom donné à l'alliance entre l'Allemagne et l'Italie et leurs alliés.

Ballon protecteur Ballon maintenu par des câbles, utilisé pour empêcher les avions de voler bas.

Bombe atomique Arme extrêmement destructrice et puissante, dont l'énergie provient d'une fission nucléaire, c'est-à-dire de la division d'un atome d'un élément radioactif comme l'uranium ou le plutonium.

Bunker Refuge fortifié protégeant des bombardements.

Camouflage Mélange de couleurs et de motifs conçu pour se confondre avec l'environnement.

Camp de concentration Lieu entouré de fils de fer barbelés, destiné aux civils. Parmi les détenus des camps de concentration nazis figuraient les Juifs, les Européens de l'Est, les gitans, les homosexuels et d'autres groupes considérés comme des ennemis de la nation.

Camp d'extermination A Auschwitz, Maïdanek, Belzec, Sobibor, Treblinka, les nazis ont gazé des millions de Juifs.

Chambre à gaz Lieu fermé dans lequel des personnes étaient exterminées à l'aide de gaz.

Chiffrement Codage substituant des lettres ou des symboles à un message selon une clé déterminée.

Code morse Code dans lequel chaque lettre de l'alphabet est représentée par une série de points et de traits, ou de signaux lumineux ou sonores courts et longs.

Communisme Système totalitaire opposé au marché libre et souhaitant établir une société sans classes.

Convoi Groupe de véhicules voyageant ensemble, protégés par une escorte navale.

Cryptographe Personne étudiant, créant et déchiffrant des codes.

Cryptographie Étude et mise au point de codes secrets.

Démobilisation Dispersion des troupes après leur service actif.

Démocratie Système dans lequel le peuple exerce sa souveraineté lui-même (démocratie directe) ou par l'intermédiaire de représentants élus (démocratie représentative).

Dictateur Personne prenant le contrôle total d'une nation.

Dragueur de mines Bateau qui drague l'eau afin de trouver des mines sous-marines.

Espionnage Activité d'un individu travaillant au service d'un pays et visant à protéger la sécurité de celui-ci au détriment de celle d'un autre.

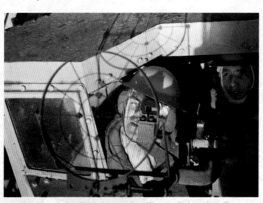

Localisation de la cible d'une mitrailleuse de bombardier

Gurkha portant un camouflage pour la jungle, Malaisie

Évacuer Déplacer des populations loin d'une zone où elles se trouvent en danger.

Fascisme Système opposé à la démocratie et favorable à un État puissant et armé.

Fuselage Corps d'un avion.

Gaz Dans le cadre de la guerre, gaz toxique utilisé pour étouffer, aveugler ou tuer l'ennemi. Si chaque camp disposait de tels gaz, ceux-ci ne furent jamais délibérément utilisés comme arme au cours de la Seconde Guerre mondiale.

Gestapo Police secrète des nazis.

Ghetto Quartier d'une ville dans lequel se trouvait confinée la population juive.

Grenade Petite bombe lancée à la main.

Impérial Qui concerne un empire ou un empereur.

Incendiaire Qualifie une bombe, une balle ou tout autre dispositif conçu pour provoquer un incendie.

Téléphone de campagne

Infanterie Ensemble des soldats combattant à pied.

Libération Fait de libérer un pays de l'occupant ennemi.

Masque à gaz Dispositif de respiration couvrant le nez, la bouche et les yeux, destiné à se protéger en cas d'attaque au moyen de gaz.

Mine (1) Cavité souterraine remplie d'explosifs. (2) Bombe posée sur le sol explosant lorsque l'on marche ou roule dessus. (3) Bombe flottante ou légèrement immergée placée dans la mer afin de détruire des navires et des sous-marins.

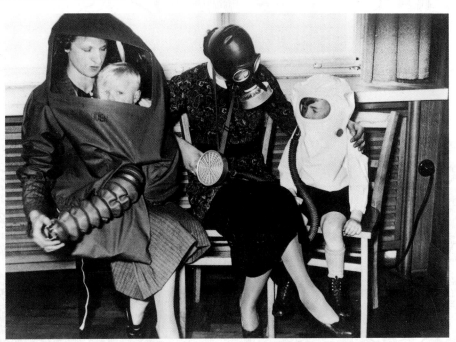

Modèles de masques à gaz allemands pour civils : adulte avec bébé, adulte et enfant (1939)

Mitrailleuse Arme automatique tirant des balles de manière successive et rapide.

Mitrailleuse de bombardier Arme dotée d'une portée suffisante pour faire feu sur les avions ennemis et les endommager.

Munitions Balles et obus tirés à partir d'armes.

Nationalisme Conviction qui place un pays au-dessus des autres.

Obus Lourde bombe, généralement lancée à partir d'un tank.

Occupation Période durant laquelle une force ennemie prend le pouvoir dans un pays.

Jeunes femmes travaillant dans une scierie

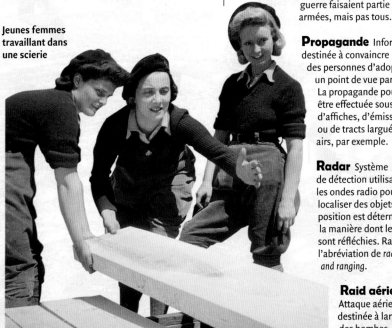

Parachutiste Soldat équipé d'un parachute, largué au-dessus d'un territoire.

Partisan Membre d'un mouvement de la Résistance travaillant sur un territoire occupé par l'ennemi.

Pénicilline Extrait de moisissures empêchant la multiplication des bactéries. Ses propriétés antibactériennes ont été découvertes par Alexander Fleming en 1928. En 1942, la pénicilline était disponible en grande quantité pour traiter les soldats atteints d'infections consécutives à des blessures.

Prisonnier de guerre Personne capturée pendant la guerre. La plupart des prisonniers de guerre faisaient partie des forces armées, mais pas tous.

Propagande Information destinée à convaincre des personnes d'adopter un point de vue particulier. La propagande pouvait être effectuée sous forme d'affiches, d'émissions de radio ou de tracts largués dans les airs, par exemple.

Radar Système de détection utilisant les ondes radio pour localiser des objets. Leur position est déterminée selon la manière dont les ondes sont réfléchies. Radar est l'abréviation de *radio detection and ranging*.

Raid aérien Attaque aérienne destinée à larguer des bombes.

Rationnement Fait de restreindre l'approvisionnement, par exemple en denrées alimentaires et en vêtements, aux périodes où ceux-ci sont rares.

Réfugié Personne contrainte de fuir son pays pour chercher une protection.

Renseignement Information utile sur le plan militaire ou politique.

Résistance Organisation s'opposant à une force ennemie d'occupation, désignant notamment des groupes d'Européens organisant des sabotages contre les nazis lorsque ceux-ci occupaient l'Europe.

Sabotage Action délibérée conçue pour détruire ou semer la confusion.

Shoah (on dit aussi Holocauste) Assassinat de millions de Juifs, perpétré par les nazis durant la Seconde Guerre mondiale.

Svastika Symbole ancien constitué d'une croix aux branches coudées à angle droit. Il a été adopté comme emblème par les nazis.

Alexander Fleming avec une boîte de Petri de pénicilline

Téléphone de campagne Téléphone militaire portable.

Torpille Missile sous-marin autopropulsé qui peut être lancé d'un bateau ou d'un sous-marin.

Traité Accord formel passé entre des pays.

Transfusion sanguine Injection de sang, prélevé sur un donneur, dans les veines d'un patient.

U-boot Sous-marin allemand.

Ultimatum Demande finale, qui, si elle n'est pas satisfaite, a pour résultat des conséquences graves et une rupture totale de communication.

Utility Désigne le programme britannique d'économies appliqué à la production de vêtements, d'objets ménagers ou de meubles pendant la guerre. Le gaspillage était proscrit : tout objet utile devait être utilisé ou recyclé.

Index

Notes

Dorling Kindersley tient à remercier : Terry Charman, Mark Seaman, Mark Pindelski, Elizabeth Bowers, Neil Young, Christopher Dowling, Nigel Steel, Laurie Milner, Mike Hibberd, Alan Jeffreys, Paul Cornish, l'équipe des archives photographiques de l'Imperial War Museum, Sheila Collins et Simon Holland.
Recherches iconographiques complémentaires : Samantha Nunn, Marie Osborne et Amanda Russell.

Iconographie

haut, b = bas, c = centre, g = gauche, d = droite

Advertising Archives : 51bc, 63cgb. Airbourne Forces Museum, Aldershot : 32-33. AKG London : 45cdh, 51h; German Press Corps 13hc. The Art Archive : 30cd. Camera Press : 7bh; Imperial War Museum 53hd. Charles Fraser Smith : 26cdh. Corbis UK Ltd : 33hd, 40c, 59bd; Bettmann 54-55b, 61, 64-65, 66cdh, 67hd; Owen Franken 6gbd; Carmen Redondo 52-53; David Samuel Robbins 63d; Michael St Maur Sheil 69ch; Sygma/Orban Thierry 68cg; Yogi, Inc 68cd; Hulton Deutsch Collections 20cg, 31hd, 53hc, 62c; Richard Klune 68b. D Day Museum, Portsmouth : 54cgh. Eden Camp Modern History Theme Museum, Malton : 22cg, 29hd, 36bg, 60bg, 62cd, 63cgb. HK Melton : 16c, 17cgh, 17c, 26bg, 26bd, 28cdh, 31hg, 31cgd. Hoover Institution : Walter Leschander 28cb. Hulton Getty : 8cg, 8bg, 10cg, 14cd, 16hh, 17hg, 23hg,

26cdb, 38b, 39cg, 39bd, 43hc, 56b, 57c, 57bd; © AFF/AFS, Amsterdam, The Netherlands 3hd; Alexander Ustinov 60cg; Fox Photos 20bg, 66cb, 68-69; Keystone 12hc, 14b, 15tl, 25tc; Keystone Features 28ch, 29b; Reg Speller 36bd; US Army Signal Corps Photograph 53cd. Imperial War Museum : Dorling Kindersley Picture Library 16bd, 26cg, 26c, 26cd, 37hg, 45cd, 70cd; IWM Photograph Archive (numéros de référence entre parenthèses) 11cd (ZZZ9182C), 21cd (HU1185), 21hd (HL5181), 22hd (HU635), 23hd (CH1277), 24cg (B5501), 34 cd (TR1253), 34bg (D18056), 35bg (IND1492), 40bd (IND3468), 41cd (C4989), 44h (RUS2109), 48cg (E14582), 50cd (C494), 56c (BU1292), 56cd (6352), 64hd (TR1581), 64c (H41668), 64bg (TR2572), 64bd (STT39), 65bd (TR2410), 65cd (TR50), 65b (TR975), 67hg (STT853), 67bd (NYF40310), 70hd (FE250), 70cd (MH5559), 70bc (TR330), 71hg (HU39759), 71cd (TR1468), 71bg (TR910). Kobal Collection : Amblin/Universal 69hg; United Artists 65hg, 69cg; Universal 48cdh. Mary Evans Picture Library : 9bd. M.O.D, Michael Jenner Photography : 6L. Pattern Room, Nottingham : 47b. National Cryptological Museum : 31cd. National Maritime Museum, Londres : 42-43c. Novosti : 46cd, 46bl, 47tl, 47cl; 45t. Oesterreichische Nationalbibliothek : 9hg. Peter Newark's Pictures : 6cd, 8hg, 11hd, 12-13t, 13b, 15cdh, 17bg, 18c, 19bc, 19b, 22c, 25cg, 26cg, 31bd, 32cgb, 34hd, 35bd, 36hg, 37bd, 41b, 47hd, 50b, 51bg, 52bg, 55cd, 58hd, 58-59; Yevgnei Khaldei 57bc. Popperfoto : 17cdh, 29cd, 34bd, 35hg. Public Record Office Picture Library : 26chg, 30cdb. Robert Harding Picture Library : 59hd. Robert Hunt Library : 22-23b. Ronald Grant Archive : British Lion Films 12b. Royal Air Force Museum, Hendon : 26cgh. Royal Signals Museum, Blandford Camp : 55hd. Topham Picturepoint : 9cg, 29cg, 41cgh, 43cdh, 48hd, 49hg, 49hd, 50cg, 51bd, 52hd, 52c, 53bd, 63hg; Press Association 41hd. Trh Pictures : 24bg, 32hd, 37hc, 38c, 55hg, 55c; Imperial War Museum 33hc; Leszek Erenfeicht 8-9; National Archives 24-25b, 39h; United Nations 58bd; US NA 54hd; US National Archives 42cgb. Weimar Archive : 9cd.

Couverture : 1er plat : hg © Steve Gorton/Dorling Kindersley avec l'aimable autorisation du Eden Camp Museum, Yorkshire, hm Gary Ombler © Dorling Kindersley, hd Gary Ombler © Dorling Kindersley, b © Corbis; dos : h et b Gary Ombler © Dorling Kindersley, m Martin Plomer © Dorling Kindersley; 4e plat : hg, hgm et g Gary Ombler © Dorling Kindersley, md © Dorling Kindersley avec l'aimable autorisation de la Collection du Jewish Historical Museum, Amsterdam, bd Gary Ombler © Dorling Kindersley avec l'aimable autorisation de l'Imperial War Museum, Duxford.

Tout a été fait pour retrouver les propriétaires des copyrights. Nous nous excusons pour tout oubli involontaire. Nous serons heureux, à l'avenir, de pouvoir les réparer.

Comité éditorial
Londres : Sue Grabham et Julia Harris.
Paris : Christine Baker, Maylis Leroy et Éric Pierrat

Pour l'édition originale :
Edition : Carey Scott
Maquettiste : Joanne Connor et Chris Branfield
Fabrication : Kate Oliver
Iconographe : Frances Vargo
PAO : Andrew O'Brien

Édition française
traduite et adaptée par Jean Esch
Édition : Éric Pierrat
Conseiller : André Kaspi, professeur d'histoire à l'université de Paris I
Préparation : Eliane Rizo
Correction : Isabelle Haffen, Claire Passignat-Gleize et Lorène Bücher
Index : Claire Passignat-Gleize
Montage PAO : Octavo - Paris VIe
Photogravure de couverture : Scan+
Suivi éditorial : Éric Pierrat
Réédition de 2008 : PAO : Olivier Brunot et correction : Sylvette Tollard